MATEMÁTICA... ¿ESTÁS AHÍ?
Episodio 2

por

ADRIÁN PAENZA
Facultad de Ciencias Exactas y Naturales
Universidad de Buenos Aires

Colección "Ciencia que ladra..."
Dirigida por DIEGO GOLOMBEK

Universidad
Nacional
de Quilmes

siglo
veintiuno
editores

siglo veintiuno editores argentina s.a.
Tucumán 1621 7° N (C1050AAG), Buenos Aires, Argentina

siglo veintiuno editores, s.a. de c.v.
Cerro del agua 248, Delegación Coyoacán (04310), D.F., México

siglo veintiuno de españa editores, s.a.
c/Menéndez Pidal, 3 BIS (28006) Madrid, España

Universidad
Nacional
de Quilmes
Editorial

R. Sáenz Peña 180, (B1876BXD) Bernal,
Pcia. de Buenos Aires, República Argentina

Paenza, Adrián
 Matemática... ¿estás ahí? : sobre números, personajes, problemas y curiosidades : episodio 2 - 1a ed. - 4a reimp. - Buenos Aires : Siglo XXI Editores
Argentina, 2008.
 240 p. : il. ; 19x14 cm. (Ciencia que ladra... dirigida por Diego Golombek)

 ISBN 978-987-1220-64-9

 1. Matemática-Enseñanza. I. Título
 CDD 510.7

Portada de Mariana Nemitz

ISBN: 978-987-1220-64-9

Impreso en Artes Gráficas Delsur
Almirante Solier 2450, Buenos Aires,
en el mes de julio de 2008

Hecho el depósito que marca la ley 11.723
Impreso en Argentina – Made in Argentina

ESTE LIBRO
(y esta colección)

Existe un país en el que un gato se va y nos deja su sonrisa de recuerdo, y en donde hay reinas de corazones que ordenan cortar cabezas sin parar y porque sí. Es el país en que los números juegan a las escondidas, y los ángulos internos de los triángulos suman... bueno, lo que tengan que sumar dependiendo de la geometría que estemos considerando. Desde hace un tiempo –y gracias al primer libro de esta miniserie– no necesitamos pasaporte para entrar a ese país y, como en el caso de la tierra de las maravillas, aquí también nos guía un matemático.

En el camino, un milagro inesperado: un libro de divulgación científica se convierte en un éxito editorial sin precedentes... ¿Cómo explicarlo? ¿Será que de pronto al mundo comenzaron a interesarle estos temas? ¿Será porque el autor es un conocido profesor y periodista? ¿O será, simplemente, que es un buen libro? Por todo eso, Adrián Paenza nos ha acostumbrado con su primer *Matemática... ¿Estás ahí?* a discutir enigmas, a hacernos preguntas, a sorprender a otros lectores en el colectivo haciendo cuentas, uniendo puntos o sumergiéndose en los infinitos infinitos.

Para tranquilidad de los fanáticos del primer libro, todavía quedan muchas historias por contar, muchos números, personajes, problemas y curiosidades para sorprendernos, y también paradojas como para pasarse una tarde dando vueltas a las ideas (y aquí es imprescindible recordar una maravillosa paradoja de almacén: "Hoy no se fía, mañana sí"...). El resultado es que la matemática sigue ahí, en un encuentro cercano en el que nuevamente nos guía Adrián Paenza (aunque, como bien dice el autor, si nos perdemos no es nada grave: la cuestión es ir encontrando el camino solos). Un guía de lujo que nos invita a superarnos, a jugar, a pensar y a deleitarnos con un conocimiento que, en el fondo, es de todos. Sigamos viajando, entonces. ¡La matemática ataca de nuevo!

Esta colección de divulgación científica está escrita por científicos que creen que ya es hora de asomar la cabeza por fuera del laboratorio y contar las maravillas, grandezas y miserias de la profesión. Porque de eso se trata: de contar, de compartir un saber que, si sigue encerrado, puede volverse inútil.

Ciencia que ladra... no muerde, sólo da señales de que cabalga.

DIEGO GOLOMBEK

Este libro es para mis padres, Ernesto y Fruma.
Una vez más. Todo lo que haga en la vida estará siempre
dedicado a ellos primero.
A mi hermana Laura y a todos mis sobrinos.
A mis amigos Miguel Davidson, Leonardo Peskin, Miguel
Ángel Fernández, Cristian Czubara, Eric Perle,
Lawrence Kreiter, Kevin Bryson, Víctor Marchesini, Luis
Bonini, Carlos Aimar, Marcelo Araujo, Antonio Laregina,
Marcos Salt, Diego Goldberg, Julio Bruetman,
Claudio Pustelnik y Héctor Maguregui.
A mis amigas Ana María Dalessio, Nilda Rozenfeld,
Teresa Reinés, Alicia Dickenstein, Beatriz de Nava,
Beatriz Suárez, Nora Bernárdes, Karina Marchesini, Laura
Bracalenti, Etel Novacovsky, Marisa Giménez, Mónica Muller,
Erica Kreiter, Susy Goldberg, Holly Perle y Carmen Sessa.
A Carlos Griguol, mi amigo del alma.
A la memoria de los seres queridos que perdí en el camino:
Guido Peskin, mis tías Delia, Elena, Miriam y Elenita, mi
primo Ricardo y a la de mis entrañables compañeros de vida,
León Najnudel y Manny Kreiter.

Acerca del autor

Adrián Paenza   cql@sigloxxieditores.com.ar

Nació en Buenos Aires en 1949. Es doctor en Matemáticas por la Universidad de Buenos Aires, en la que se desempeña actualmente como profesor asociado del Departamento de Matemática de la Facultad de Ciencias Exactas y Naturales. Es, además, periodista. En la actualidad conduce el ciclo *Científicos Industria Argentina*. Trabajó en las radios más importantes del país y en los cinco canales de aire de la Argentina. Fue redactor especial de varias revistas y colaborador en tres diarios nacionales: *Clarín*, *Página/12* y *La Nación*. Publicó en esta misma colección *Matemática... ¿Estás ahí?*, que ya lleva más de diez ediciones.

Agradecimientos

A Diego Golombek, director de la colección Ciencia que ladra. Porque es mi amigo y por la pasión que pone en cada intercambio que tenemos. Nadie que yo conozca tiene más entusiasmo que él, que hace en un día lo que a todo el mundo le lleva *un mes*.

A Carlos Díaz, el director de Siglo XXI Editores, por la increíble generosidad que exhibió siempre conmigo y por su incansable e insaciable curiosidad.

A Claudio Martínez, quien fue el primero en creer que estas historias debían ser divulgadas y comprometió su esfuerzo y talento en crear un programa televisivo como *Científicos Industria Argentina* para que yo pudiera hacerlo. Este libro es también para todos mis compañeros del programa.

A Ernesto Tenembaum, Marcelo Zlotogwiazda y Guillermo Alfieri por el estímulo constante y el respeto con el que me tratan.

A quienes revisaron el libro, lo criticaron, lo discutieron y me ayudaron a mejorarlo, y en particular, mi infinita gratitud a dos personas: Carlos D'Andrea y Gerardo Garbulsky.

A "todos" los comunicadores, a los periodistas de radio, televisión, diarios y revistas, quienes tomaron el primer libro como propio, lo defendieron, lo promovieron y fueron felices en cada una de sus audiciones hablando de él. Todos descubrimos algo con el "primer episodio" de *Matemática... ¿Estás ahí?*, pero ellos fueron, sin ninguna duda, los que impulsaron a la gente a que lo compre o lo baje por Internet. En todo caso, eso nos mostró a todos el "poder" del periodismo, el "poder" de los medios de comunicación. Ellos transformaron un libro de matemática (nada menos) en un best seller y generaron una campaña gigantesca, impredecible e impagable, que rompió con todos los moldes y tiró abajo cualquier precedente: construyeron un éxito que entiendo es de ellos. A todos mis colegas, ¡gracias!

A la comunidad matemática, que también entendió esto como una cruzada, y me apabulló con ideas, sugerencias, artículos, notas... y de esa forma me iluminó el camino. Nada de lo que estuvo escrito en el primer libro ni en lo que aparecerá en éste (salvo mis opiniones personales) es una novedad para ellos: nada. Sin embargo, la monumental cantidad de correos electrónicos, papeles, cartas y conversaciones personales con los que me ayudaron para la selección del material y la forma de presentarlo escapa a mi posibilidad de agradecerles.

A Ernesto Tiffenberg, el director de *Página/12*, quien con osadía me invitó a que escribiera la "contratapa" del diario una vez por semana "sobre lo que vos quieras". Muchas de las páginas de este libro, aparecieron "antes" en mi querido diario.

A Pablo Coll, Pablo Milrud, Juan Sabia, Teresita Krick, Pablo Mislej, Ricardo Durán, Ariel Arbiser, Oscar Bruno, Fernando Cukierman, Jorge Fiora, Roberto Miatello, Eduardo Cattani, Rodrigo Laje, Matías Graña, Leandro Caniglia, Marcos Dajczer, Ricardo Fraimann, Lucas Monzón, Gustavo Stolovitzky, Pablo Amster, Gabriela Jerónimo y Eduardo Dubuc: todos matemáticos (menos Gustavo y Rodrigo), todos imprescindibles para que este libro exista.

A todos mis alumnos, presentes y pasados, por lo que me enseñaron a lo largo del camino.

A Santiago Segurola, Alejandro Fabbri, Nelson Castro y Fernando Pacini.

A todos quienes trabajan en Siglo XXI Editores, en particular a Violeta Collado y Héctor Benedetti, por el cuidado extremo que ponen para *protegerme de mis propios errores*.

Y por último, a las mismas cuatro personas a quienes les dediqué el libro anterior por su conducta ética irreprochable: *Marcelo Bielsa, Alberto Kornblihtt, Víctor Hugo Morales y Horacio Verbitsky*. Ellos demuestran diariamente, que ¡se puede!

Los agujeros negros son los lugares del universo
en donde Dios dividió por cero.

STEVEN WRIGHT

Índice

Algunas curiosidades matemáticas y cómo explicarlas (cuando se puede), 25.
¿Cómo *multiplicar* si uno no sabe las tablas?, 29. ¿Cómo *dividir* sin saber
las tablas de multiplicar?, 35. Monedas en carretilla, 43. La historia de Google, 48. Los tests de inteligencia, 52. Sudoku, 57. Criba de Eratóstenes, 64.
Números perfectos, 70. La vida en el infinito. Serie geométrica y armónica,
77. Primos en progresión aritmética, 84. Luces encendidas, luces apagadas
y modelos, 89. ¿Cómo cuenta una computadora? (Números binarios), 94.

La prueba que no se puede tomar, 105. Probabilidad de ganar el campeonato
mundial para un equipo considerado favorito, 107. Herencia con infinitas
monedas, 109. Desfile y probabilidad, 113. Genoma y ancestros comunes,
118. Matrices de Kirkman, 122.

¿Hay más agua en el vino o vino en el agua?, 127. La historia de los cuatro

Prólogo

La inequitativa distribución de la riqueza marca una desigualdad ciertamente criminal. Unos (pocos) tienen (tenemos) mucho; otros (muchos) tienen poco. Muchos más tienen casi nada. La sociedad ha sido, hasta aquí, más bien indiferente a las desigualdades de todo tipo. Se las describe, sí, pero en general el dolor termina en hacer una suerte de catarsis que parece "exculpadora". Bueno, no es así. O no debería serlo. Hasta aquí, ninguna novedad.

La riqueza no sólo se mide en dinero o en poder adquisitivo, también se mide en conocimiento, o mejor dicho, debería empezar por ahí. El acceso a la riqueza intelectual es un derecho humano, sólo que casi siempre está supeditado al fárrago de lo urgente (nadie puede pretender acceder al conocimiento si antes no tiene salud, ni trabajo, ni techo, ni comida en su plato). Así, todos tenemos un compromiso moral: pelear para que la educación sea pública, gratuita y obligatoria en los niveles primario y secundario. Los niños y jóvenes tienen que ir a estudiar, y no a trabajar.

Con la matemática sucede algo parecido. Es una herramienta poderosa que enseña a pensar. Cuando está bien *contada* es seductora, atractiva, dinámica. Ayuda a tomar decisiones educadas o, al menos, más educadas. Presenta facetas fascinantes que aparecen escondidas y reducidas a un grupo muy pequeño que las disfruta. Y es hora de hacer algo, de pelear contra el preconcepto de que la matemática es aburrida, o de que es sólo para elegidos.

Por eso escribí *Matemática... ¿Estás ahí?* Porque quiero que le demos una segunda chance. Porque quiero que la sociedad advierta que le estamos escamoteando algo y que no hay derecho a que eso suceda. Hasta aquí, quienes *comunicamos* la matemática hemos fracasado, no sólo en la Argentina sino en casi todo el mundo.

Ha llegado la hora de modificar el mensaje. Obviamente, no soy el primero ni seré el último, pero quisiera ayudar a abrir el juego, como lo hice durante más de cuarenta años con alumnos de todas las edades. La matemática presenta problemas y enseña a disfrutar de cómo resolverlos, así como también enseña a disfrutar de *no poder resolverlos, pero de haberlos "pensado"*, porque entrena para el futuro, para tener más y mejores herramientas, porque ayuda a recorrer caminos impensados y a hacernos inexorablemente mejores.

Necesitamos, entonces, brindar a todos *esa* oportunidad. Créanme que se la merecen.

Enseñar a pensar

Miguel Herrera fue un gran matemático argentino, director
de muchas tesis doctorales, en la Argentina y también en el exterior. Lamentablemente, falleció muy joven. Herrera se graduó en
Buenos Aires y vivió muchos años en Francia y los Estados Unidos, para luego retornar al país, donde permaneció hasta su
muerte. Quiero aprovechar para contar una anécdota que viví
con él y que me sirvió para toda la vida.

Luego de graduarme como licenciado (a fines de 1969), estu-
ve por unos años fuera de la facultad trabajando exclusivamente
como periodista. Una noche, en Alemania, más precisamente en
Sindelfingen, donde estaba concentrado el seleccionado argentino de fútbol, comenté con algunos amigos que al regresar al país
intentaría volver a la facultad para saldar una deuda que tenía
(conmigo): quería doctorarme. Quería volver a estudiar para
completar una tarea que, sin la tesis, quedaría inconclusa. Era un
gran desafío, pero valía la pena intentarlo.

Dejé por un tiempo mi carrera como periodista y me dediqué de lleno a la investigación y a la docencia en matemática.
Luego de un concurso, obtuve un cargo como ayudante de primera con dedicación exclusiva, y elegí como tutor de tesis doc-

toral a Ángel Larotonda, quien había sido mi director de tesis de licenciatura. "Pucho" (así le decíamos a Larotonda) tenía muchísimos alumnos que buscaban doctorarse. Entre tantos, recuerdo los nombres de Miguel Ángel López, Ricardo Noriega, Patricia Fauring, Flora Gutiérrez, Néstor Búcari, Eduardo Antín, Gustavo Corach y Bibiana Russo.

Doctorarse no era fácil. Requería (y requiere) no sólo aprobar un grupo de materias sino, además, escribir un trabajo *original* y someterlo al referato de un grupo de matemáticos para su evaluación. La tarea del tutor es esencial en ese proyecto, no sólo por la guía que representa, sino porque lo habitual es que sea él (o ella) quien sugiera al aspirante el problema a investigar y, eventualmente, resolver.

La situación que se generó con Pucho es que éramos *muchos*, y era muy difícil que tuviera *tantos problemas para resolver,* y que pudiera compartirlos con tantos aspirantes. Recuerdo ahora que *cada uno* necesitaba *un problema para sí.* Es decir que cada uno debía trabajar con *su* problema. La especialidad era Topología Diferencial. Cursábamos materias juntos, estudiábamos juntos, pero los problemas *no aparecían.*

Algo nos motivó a tres de los estudiantes (Búcari, Antín y yo) a querer cambiar de tutor. No se trataba de ofender a Larotonda, sino de buscar un camino *por otro lado.* Noriega ya había optado por trabajar con el increíble Luis Santaló y nosotros, empujados y estimulados por lo que había hecho Ricardo, decidimos cambiar también. Pero ¿a quién recurrir? ¿Quién tendría problemas para compartir? ¿Y en qué áreas? Porque, más allá de que alguien quiera y posea problemas para sus estudiantes, también importa el tema: no todos son igualmente atractivos, y cada uno tenía sus inclinaciones particulares, sus propios gustos. Sin embargo, estábamos dispuestos a *empezar* de cero, si lográbamos que alguien nos sedujera.

Así fue como apareció en nuestras vidas Miguel Herrera, quien recién había vuelto al país después de pasar algunos años como investigador en Francia. Reconocido internacionalmente por su trabajo en Análisis Complejo, sus contribuciones habían sido altamente festejadas en su área. Miguel había formado parte del grupo de matemáticos argentinos que emigraron luego del golpe militar que encabezó Juan Carlos Onganía en 1966, y se fue inmediatamente después de la noche infame de "los bastones largos". Sin embargo, volvió al país en otro momento terrible, porque coincidía con otro golpe militar, esta vez el más feroz de nuestra historia, que sometió a la Argentina al peor holocausto del que se tenga memoria.

Pero vuelvo a Herrera: su retorno era una oportunidad para nosotros. Recién había llegado y todavía no tenía alumnos. Lo fuimos a ver a su flamante oficina y le explicamos nuestra situación. Miguel nos escuchó con atención y, típico en él, dijo: "¿Y por qué no se van al exterior? ¿Por qué se quieren quedar acá con todo lo que está pasando? Yo puedo recomendarlos a distintas universidades, tanto en Francia como en los Estados Unidos. Creo que les conviene irse".

Me parece que fui yo el que le dijo: "Miguel, nosotros estamos acá y no nos vamos a ir del país en este momento. Queremos preguntarte si tenés problemas que quieras compartir con nosotros, para poder doctorarnos en el futuro. Sabemos muy poco del tema en el que sos especialista, pero estamos dispuestos a estudiar. Y en cuanto a tu asesoramiento y tutoría, hacé de cuenta que somos tres alumnos franceses, que llegamos a tu oficina en la Universidad de París y te ofrecemos que seas nuestro director de tesis. ¿Qué nos vas a contestar? ¿Váyanse de París?".

Herrera era el profesor titular de Análisis Complejo. Al poco tiempo, Antín, en su afán de convertirse en crítico de cine y árbitro de fútbol (entre otras cosas), decidió bajarse del proyecto, pero Néstor Búcari (a partir de aquí "Quiquín", su sobrenombre) y yo fuimos nombrados asistentes de Herrera y jefes de trabajos prácticos en la materia que dictaba. *Si uno quiere aprender algo, tiene que comprometerse a enseñarlo...* Ése fue nuestro primer contacto con nuestro director de tesis. Empezamos por el principio. La mejor manera de recordar lo que habíamos hecho cuando tuvimos que cursar Análisis Complejo (y aprobarla, claro) era tener que enseñarla. Y así lo hicimos.

Pero Quiquín y yo queríamos saber cuál sería el trabajo de la tesis, el problema que deberíamos resolver, Herrera, paciente, nos decía que no estábamos aún en condiciones de *entender el enunciado,* y ni hablar de tratar de resolverlo. Pero nosotros, que veníamos de la experiencia con Pucho, y nunca lográbamos que nos diera el problema, *queríamos saber.*

Un día, mientras tomábamos un café, Herrera abrió un libro escrito por él, nos mostró una fórmula y nos dijo: "Éste es el primer problema para resolver. Hay que generalizar esta fórmula. Ése es el primer trabajo de tesis para alguno de ustedes dos".

Eso sirvió para callarnos por un buen tiempo. En realidad, nos tuvo callados por *mucho tiempo.* Es que salimos de la oficina donde habíamos compartido el café y nos miramos con Quiquín, porque no entendíamos nada. Después de haber esperado tanto, de haber cambiado de director, de cambiar de tema, de especialidad, de todo, teníamos el problema, sí... pero no entendíamos ni siquiera el enunciado. No sabíamos ni entendíamos lo que teníamos que hacer.

Ésa fue una lección. El objetivo entonces fue hacer lo posible, estudiar todo lo posible para *entender el problema.* Claro, Herrera no nos dejaría solos. No sólo éramos sus asistentes en la materia para la licenciatura que dictaba sino que, además, nos proveía de material constantemente. Nos traía *papers* escritos por él o por otros especialistas en el tema, y trataba de que empezáramos a acostumbrarnos a la terminología, al lenguaje, al tipo de soluciones que ya había para otros problemas similares. En definitiva, empezamos a meternos en el submundo del Análisis Complejo. Por un lado, dábamos clases y aprendíamos casi a la par de los alumnos. Resolvíamos las prácticas y leíamos tanto como podíamos sobre el tema. Además avanzábamos por otro lado, e íbamos acumulando información al paso que él nos indicaba.

Quiquín fue un compañero fabuloso. Dotado de un talento natural, veía todo mucho antes que yo, y fue una guía imposible de reemplazar. Yo, menos preparado, con menos facilidad, necesitaba de la constancia y la regularidad. Y ése era y fue mi aporte a nuestro trabajo en conjunto: él ponía el talento y la creatividad; yo, la constancia y la disciplina. Todos los días, nos encontrábamos a las ocho de la mañana. No había días de frío, ni de lluvia, ni de calor, ni de resaca de la noche anterior: ¡teníamos que estar a las ocho de la mañana sentados en nuestra oficina, listos para trabajar! Para mí, que tenía auto, era mucho más fácil. Quiquín venía de más lejos y tomaba uno y, a veces, dos colectivos.

Lo que siempre nos motivaba y nos impulsaba era que a las ocho, cuando recién nos habíamos acomodado, *alguien* golpeaba sistemáticamente a la puerta. Miguel venía todos los días a la facultad a ver qué habíamos hecho el día anterior: qué dificultades habíamos encontrado, qué necesitábamos. Así construimos una relación cotidiana que nos sirvió para enfrentar muchas situaciones complicadas y momentos de dificultad en los que *no entendíamos*, no nos salía nada y no podíamos avanzar. Encontrarnos todos los días, siempre, sin excepciones, nos permitió construir una red entre los tres que nos sirvió de apoyo en todos esos momentos de frustración y fastidio.

El problema *estaba ahí.* Ya no había que preguntarle más nada a Herrera. Era nuestra responsabilidad estudiar, leer, investigar, preocuparnos para *tratar de entender.* Con Quiquín siempre confiamos en Miguel, y él se ganó nuestro reconocimiento *no* por la prepotencia de su prestigio, sino por la prepotencia de su trabajo y su constancia. Miguel estuvo ahí todos los días.

Una mañana, de las centenares que pasamos juntos, mientras tomábamos un café, nos miramos con Quiquín y recuerdo que nos quedamos callados por un instante. Uno de los dos dijo algo que nos hizo pensar en lo mismo: ¡acabábamos de entender el enunciado! Por primera vez, y a más de un año de habérselo escuchado a Miguel, comprendíamos lo que teníamos que hacer. De ahí en adelante, algo cambió en nuestras vidas: ¡habíamos entendido! Lo destaco especialmente porque fue un día muy feliz para los dos.

Un par de meses más tarde, un día cualquiera, súbitamente creímos haber encontrado la solución a un problema que los matemáticos no podían resolver hacía ya siglos. ¡No era posible! Teníamos que estar haciendo algo mal, porque era muy poco probable que hubiéramos resuelto una situación que los expertos de todo el mundo investigaban desde tanto tiempo atrás. Era más fácil creer (y lo bien que hicimos) que estábamos haciendo algo mal o entendíamos algo en forma equivocada, antes que pensar que pasaríamos a la *inmortalidad* en el mundo de la matemática. ¡Pero no podíamos darnos cuenta del error!

Nos despedimos esa noche, casi sin poder aguantar hasta el día siguiente, cuando llegara Miguel. Lo necesitábamos para que nos explicara *dónde* estaba nuestro error. Por la mañana, Miguel golpeó a la puerta como siempre, y nos atropellamos para abrirle. Le explicamos lo que pasaba y le pedimos que nos dijera dónde nos estábamos equivocando. Entrecerró los ojos y sonriente dijo: "Muchachos, seguro que está mal". No fue una novedad; nosotros sabíamos que tenía que estar mal. Y comenzó a explicarnos, pero nosotros le refutábamos todo lo que decía. Escribía en el pizarrón con las tizas amarillas con las que siempre nos ensuciábamos las manos, pero no había forma. Peor aún: Miguel empezó a quedarse callado, a pensar. Y se sentó en el sofá de una plaza que había en la oficina. Tomó su libro, el libro que *él* había escrito, leyó una y otra vez lo que *él había inventado* y nos dijo, lo que para mí sería una de las frases más iluminadoras de mi vida: *"No entiendo".* Y se hizo un silencio muy particular.

¿Cómo? ¿Miguel no entendía? ¡Pero si lo había escrito él! ¿Cómo era posible que no fuera capaz de entender lo que *él mismo había pensado?*

Esa fue una lección que no olvidé nunca. Miguel hizo gala de una *seguridad* muy particular y muy profunda: podía dudar, aun de sí mismo. Ninguno de nosotros iba a *dudar* de su capacidad. Ninguno iba a pensar que *otro había escrito* lo que estaba en su libro. No. Miguel se mostraba como cualquiera de nosotros... *falible.* Y ésa fue la lección. ¿Qué problema hay en *no entender?* ¿Se había transformado acaso en una peor persona o en un burro porque no entendía? No, y eso que se daba el lujo de decir frente a sus dos alumnos y doctorandos que no entendía lo que *él mismo* había escrito.

Por supuesto, no hace falta decir que después de llevárselo a su oficina, y de dedicarle un par de días, Miguel encontró el error. Ni Quiquín ni yo pasamos a la fama, y él nos explicó en dónde estábamos equivocados.

Con el tiempo nos doctoramos, pero eso, en este caso, es lo que menos importa.

Miguel nos había dado una lección de vida, y ni siquiera lo supo ni se lo propuso. Así son los grandes.

Los números de la matemática

Un matemático, como un pintor o un poeta, es un
hacedor de patrones. Si sus patrones son más
permanentes que los de ellos, es porque están hechos
con ideas. Un pintor crea patrones con sus formas y
colores, un poeta, con palabras... Un matemático, por
otro lado (a diferencia del poeta), no tiene material para
trabajar salvo con sus ideas, y sus patrones suelen
durar mucho más, ya que las ideas se gastan menos
que las palabras.

G. H. HARDY, *A Mathematician's Apology* (1940)

Algunas curiosidades matemáticas y cómo explicarlas (cuando se puede)

Si uno multiplica 111.111.111 por sí mismo, es decir, si lo
eleva al cuadrado, se obtiene el número:

$$12.345.678.987.654.321$$

En realidad, es esperable que esto pase porque si uno piensa cómo hace para multiplicar dos números (y lo invito a que lo haga), advierte que multiplica cada dígito del segundo por *todos los dígitos* del primero, y los corre hacia la izquierda a medida que avanza.

Como los dígitos del segundo son todos números *1*, lo que hace es *repetir el primer número una y otra vez*, aunque corriéndolo a la izquierda en cada oportunidad. Por eso, al sumarlos, encolumnados de esa forma, se obtiene el resultado de más arriba:

$$12.345.678.987.654.321$$

Lo que sigue *sí* es una curiosidad, y aunque no tengo una explicación para dar, resulta simpático.
Tome el número

$$1.741.725$$

Eleve cada dígito a la séptima potencia y sume los resultados. Es decir:

$$1^7 + 7^7 + 4^7 + 1^7 + 7^7 + 2^7 + 5^7$$

¿Cuánto le dio?
Bueno, si tuvo paciencia (o una calculadora) para hacer la cuenta, el resultado es: 1.741.725.

Ahora, tome un número de *tres dígitos cualquiera*. Digamos el:

$$472$$

Construya el número que resulte de escribirlo *dos veces seguidas*. En este caso:

$$472.472$$

Divida ahora por 7. Con lo que se obtiene:

$$67.496$$

Divida ese resultado por 11. Se tiene entonces:

6.136

y a éste divídalo por 13.
El resultado final es...

¡472!

Es decir, el número original, con el que empezó.
¿Por qué pasó esto? ¿Pasará lo mismo con cualquier número que uno elija?

Antes de dar las respuestas, observe que en el camino dividimos el número por 7, y dio un resultado exacto. Después lo dividimos por 11, y volvió a dar un número entero, y finalmente, encontramos un número que resultó ser un múltiplo de 13.

Más allá de correr a leer por qué pasa esto *siempre* con cualquier número de tres dígitos que uno elija, le sugiero que piense un poco la solución. Es mucho más gratificante pensar uno solo, aunque no se llegue al resultado, que buscar cómo lo resolví yo. Si no, ¿qué gracia tiene?

SOLUCIÓN:

Lo primero que uno tiene es un número de tres dígitos; llamémoslo:

abc

Luego, había que repetirlo:

abcabc

El trámite que siguió fue dividir ese número, primero por 7, luego por 11 y finalmente por 13. ¡Y en todos los casos obtuvo un resultado exacto, sin que sobrara nada!

Eso significa que el número *abcabc* tiene que ser *múltiplo* de 7, 11 y 13. Es decir que tiene que ser múltiplo del *producto* de esos tres números.[1] Y justamente, el producto de esos números es:

$$7 . 11 . 13 = 1.001$$

¿Por qué pasa, entonces, que el número en cuestión es múltiplo de 1.001?

Si uno *multiplica* el número *abc* por 1.001, ¿qué obtiene? (Realice la cuenta y después continúe leyendo.)

$$abc . (1.001) = abcabc$$

Acaba de descubrir por qué pasó lo que pasó. Si a cualquier número de tres dígitos (*abc*) se le agrega delante el mismo número, el resultado (*abcabc*) es un múltiplo de 1.001. Y cuando se divide el número *abcabc* por 1.001, el resultado que se obtiene es *abc*.[2]

---

[1] Porque si un número es múltiplo de 3 y de 5, por ejemplo, tiene que ser múltiplo de 15, que es el producto entre 3 y 5. Esto sucede –y le sugiero que lo piense solo también– porque todos los números aquí involucrados son *primos*. Por ejemplo, el número 12 es múltiplo de 4 y de 6, pero *no* es múltiplo de 24 (producto de 4 y de 6). En el caso en que los números en cuestión sean *primos*, entonces *sí* el resultado será cierto.

[2] Debemos advertir que si uno multiplica un número de tres dígitos por 1.001, obtendrá el mismo número repetido dos veces consecutivas.

No deja de ser una curiosidad, aunque tiene un argumento que lo sustenta. Y un poco de matemática también.

¿Cómo *multiplicar* si uno no sabe las tablas?

Lo que sigue va en ayuda de aquellos chicos que se resisten a aprender de memoria las tablas de multiplicar. Me apuro a decir que los comprendo perfectamente porque, en principio, cuando a uno le enseñan a repetirlas, no le queda más remedio que subordinarse a la "autoridad" del/la maestro/a, pero a esa altura no está claro (para el niño) por qué tiene que hacerlo. Lo que sigue es, entonces, una forma "alternativa" de multiplicar, que permite obtener el producto de dos números cualesquiera sin saber las tablas. Sólo se requiere:

a) saber multiplicar por 2 (o sea, duplicar);
b) saber dividir por 2, y
c) saber sumar.

Este método no es nuevo. En todo caso, lo que podría decir es que está en desuso u olvidado, ya que era la forma en que multiplicaban los egipcios y que aún hoy se utiliza en muchas regiones de Rusia. Es conocido como la *multiplicación paisana*. En lugar de explicarlo en general, voy a ofrecer un ejemplo que será suficiente para entenderlo.

Supongamos que uno quiere multiplicar 19 por 136. Entonces, prepárese para escribir en dos columnas, una debajo del 19 y otra, debajo del 136.

En la columna que encabeza el 19, va a dividir por 2, "olvidándose" de si sobra algo o no. Para empezar, debajo del 19 hay que poner un 9, porque si bien 19 dividido 2 no es exactamente 9, uno ignora el resto, que es 1, y sigue dividiendo por 2. Es decir que debajo del 9 pone el número 4. Luego, vuelve a dividir por 2 y queda 2, y al volver a dividir por 2, queda 1. Ahí para.

Esta columna, entonces, quedó así:

19
9
4
2
1

Por otro lado, en la otra columna, la encabezada por el 136, en lugar de dividir por 2, multiplique por 2 y coloque los resultados a la par de la primera columna. Es decir:

19	136
9	272
4	544
2	1.088
1	2.176

Cuando llega al nivel del número 1 de la columna de la izquierda detenga la duplicación en la columna del 136. Convengamos en que es verdaderamente muy sencillo. Todo lo que hizo fue dividir por 2 en la columna de la izquierda y multiplicar por 2 en la de la derecha. Ahora, sume sólo los números de la columna derecha que corresponden a números impares de la izquierda. En este caso:

19	136
9	272
4	~~544~~
2	~~1.088~~
1	2.176

Al sumar sólo los compañeros de los impares, se tiene:

$$136 + 272 + 2.176 = 2.584$$

que es (¡justamente!) el producto de 19 por 136.

Un ejemplo más.

Multipliquemos ahora 375 por 1.517. Me apuro a decir que da lo mismo elegir cualquiera de los dos números para multiplicarlo o dividirlo por 2, por lo que sugiero, para hacer menor cantidad de cuentas, que tomemos el 375 como "cabeza" de la columna en la que dividiremos por 2. Se tiene entonces:

375	1.517
187	3.034
93	6.068
46	12.136
23	24.272
11	48.544
5	97.088
2	194.176
1	388.352

Ahora hay que sumar los de la segunda columna cuyos compañeros de la primera columna sean impares:

375	1.517
187	3.034
93	6.068
46	~~12.136~~
23	24.272
11	48.544
5	97.088
2	~~194.176~~
1	<u>388.352</u>
	568.875

Y, justamente, 568.875 es el producto que estábamos buscando.

Ahora, lo invito a que piense por qué funciona este método que no requiere que uno sepa las tablas de multiplicar (salvo la del 2, claro).

EXPLICACIÓN:

Cuando uno quiere encontrar la escritura binaria de un número, lo que debe hacer es dividir el número por 2 reiteradamente, y anotar los restos que las cuentas arrojan. Por ejemplo:

$$173 = \mathbf{86} \cdot 2 + 1$$
$$86 = \mathbf{43} \cdot 2 + 0$$
$$43 = \mathbf{21} \cdot 2 + 1$$
$$21 = \mathbf{10} \cdot 2 + 1$$
$$10 = \mathbf{5} \cdot 2 + 0$$
$$5 = \mathbf{2} \cdot 2 + 1$$
$$2 = \mathbf{1} \cdot 2 + 0$$
$$1 = \mathbf{0} \cdot 2 + 1$$

De modo que el número 173 se escribirá (recorriendo los restos de abajo hacia arriba):

$$10101101$$

Supongamos ahora que uno quiere multiplicar 19 por 136. Entonces, lo que hacíamos era dividir sucesivamente por 2 el número 19:

$$
\begin{aligned}
19 &= \mathbf{9} . 2 + \boxed{1}\\
9 &= \mathbf{4} . 2 + \boxed{1}\\
4 &= \mathbf{2} . 2 + \boxed{0}\\
2 &= \mathbf{1} . 2 + \boxed{0}\\
1 &= \mathbf{0} . 2 + \boxed{1}
\end{aligned}
$$

Es decir que la escritura binaria del 19 se obtiene recorriendo de abajo hacia arriba los restos; por lo tanto, se tiene el

$$10011$$

Por otro lado, esto nos dice que el número 19 se escribe así:

$$19 = 1 . 2^4 + 0 . 2^3 + 0 . 2^2 + 1 . 2^1 + 1 . 2^0 = (16 + 2 + 1)$$

Luego, cuando uno tiene que multiplicar 19 por 136, aprovechamos la escritura en *binario* de 19, y anotamos:

$$19 . 136 = 136 . 19 = 136 . (16 + 2 + 1) =$$

(Y ahora, usando la propiedad *distributiva* de la multiplicación, se tiene:)

$= (136 \cdot 16) + (136 \cdot 2) + (136 \cdot 1) = 2.176 + 272 + 136 = 2.584$

Esto explica por qué funciona este método para multiplicar. Encubiertamente, uno está usando la escritura binaria de uno de los números.

Veamos el otro ejemplo $(375 \cdot 1.517)$:

$$
\begin{array}{rcl}
375 & = & \mathbf{187} \cdot 2 + \boxed{1} \\
187 & = & \mathbf{93} \cdot 2 + \boxed{1} \\
93 & = & \mathbf{46} \cdot 2 + \boxed{1} \\
46 & = & \mathbf{23} \cdot 2 + \boxed{0} \\
23 & = & \mathbf{11} \cdot 2 + \boxed{1} \\
11 & = & \mathbf{5} \cdot 2 + \boxed{1} \\
5 & = & \mathbf{2} \cdot 2 + \boxed{1} \\
2 & = & \mathbf{1} \cdot 2 + \boxed{0} \\
1 & = & \mathbf{0} \cdot 2 + \boxed{1}
\end{array}
$$

Luego, la escritura *binaria* del 375 es:

$$375 = 101110111$$

Es decir:

$$375 = 1 \cdot 2^8 + 0 \cdot 2^7 + 1 \cdot 2^6 + 1 \cdot 2^5 + 1 \cdot 2^4$$
$$+ 0 \cdot 2^3 + 1 \cdot 2^2 + 1 \cdot 2^1 + 1 \cdot 2^0 =$$

$$= 256 + 64 + 32 + 16 + 4 + 2 + 1 \quad (*)$$

Si uno quisiera multiplicar 1.517 por 375, lo que debe hacer es descomponer el número 375, como está indicado en (*).

Luego:

$$1.517 \cdot 375 = 1.517 \cdot (256 + 64 + 32 + 16 + 4 + 2 + 1) =$$

(Usando la propiedad distributiva del producto otra vez:)

$$= (1.517 \cdot 256) + (1.517 \cdot 64) + (1.517 \cdot 32) + (1.517 \cdot 16)$$
$$+ (1.517 \cdot 4) + (1.517 \cdot 2) + (1.517 \cdot 1)$$

$$= 388.352 + 97.088 + 48.544 + 24.272 + 6.068 + 3.034 + 1.517$$

que son justamente los sumandos que teníamos antes.

En definitiva, la escritura en binario permite encontrar la descomposición de uno de los dos números que queremos multiplicar y, al hacerlo, explica cuántas veces hay que *duplicar* el otro.

¿Cómo *dividir* sin saber las tablas de multiplicar?

Aquí corresponde hacer una breve introducción.

Ni bien decidí incluir el artículo anterior (sobre la multiplicación sin saber las tablas), me propuse encontrar una manera que permitiera hacer algo parecido con la división. Es decir: ¿cómo dividir dos números sin tener que aprender primero las tablas de multiplicar?

Les planteé el problema a dos excelentes matemáticos amigos, Pablo Coll y Pablo Milrud, diciéndoles que me sentiría frustrado y con la sensación de que la tarea quedaría inconclusa si no encontraba cómo dividir con esa premisa. Ellos pensaron, discutieron, me propusieron una forma que consideramos entre los tres y que volvió a ser sometida a su análisis. Quiero presentar aquí una versión muy buena, encontrada por los dos Pablos –quienes se merecen todo el crédito–, que estoy seguro servirá de estímulo para los docentes, quienes podrán mejorarlo, o tenerlo como un recurso más en sus manos.

Debo recalcar que no se trata de olvidarnos de las tablas, sino de discutir si vale la pena someter a los alumnos a la "tortura virtual" de tener que aprender de memoria una cantidad de números a una edad en la que podrían dedicarle ese tiempo y esa energía a otras cosas, mientras esperamos que la maduración natural les permita deducir a ellos solos qué son las tablas y para qué sirven. Eso sí: como uno no puede (o no quiere) esperar tanto tiempo para aprender a dividir y multiplicar, necesita encontrar métodos alternativos para hacerlo. Seguramente habrá otros mejores, por lo que lo invito a pensarlos y proponerlos.

Allá voy.

Para poder dividir dos números sin tener que saber las tablas de multiplicar hace falta saber sumar, restar y multiplicar por 2. Eso es todo.

Le pido que me tenga confianza porque, si bien al principio puede parecer complicado, es en realidad muchísimo más fácil que dividir en la forma convencional, y aunque sea sólo por eso, porque ofrece una manera alternativa a lo que uno aprendió en la escuela y se *corre* de lo clásico, vale la pena prestarle atención.

En lugar de detenerme en todos los tecnicismos que requeriría un libro de texto o de matemática, mostraré algunos ejemplos con creciente grado de dificultad.

El método consiste en fabricar cuatro columnas de números a partir de los dos números que uno tiene como datos.

Ejemplo 1

Para dividir 712 por 31, completo en primer lugar la primera columna y luego la cuarta:

31			1
62			2
124			4
248			8
496			16
712			

Para obtener la primera columna, empiezo con el número por
el que queremos dividir; en este caso, el 31. A partir de él, en
forma descendente, multiplico por 2 en cada paso. ¿Por qué paré
en el 496? Porque si multiplico el 496 por 2, obtendría un número (992) mayor que 712 (el número que originariamente quería
dividir). Por eso, en lugar de poner el 992, anoto el 712. Es decir
que para generar la primera columna, sólo hace falta saber multiplicar por 2 y estar atento para terminar el proceso en el paso
anterior a superar nuestro segundo número.

La cuarta columna se obtiene igual que la primera, sólo que
en lugar de empezar con el 31, empiezo con el número 1. Como
se advierte, irán apareciendo las distintas potencias del número
2. Detengo el proceso en el mismo lugar en que me detuve en
la primera columna. Hasta aquí, todo lo que uno necesita saber
es multiplicar por 2.

¿Cómo se completan las dos columnas del medio? Así:

31		30	1
62	30		2
124	92		4
248		216	8
496	216		16
712			

Para realizar este paso, lo que necesita saber es restar. Empiezo de abajo hacia arriba, restando el número que tenemos para dividir (el 712) menos el anteúltimo número de la columna uno (496). Al resultado, lo anoto en la columna dos, y así aparece el 216. Ahora comparo el 216 con el 248. Como no lo podemos restar (porque 216 es menor que 248, y sólo trabajamos con números positivos), guardamos el 216 en la columna tres.

Ahora sigo hacia arriba (comparando siempre con la primera columna): como 216 es mayor que 124, entonces los resto. El resultado (92) va en la segunda columna. Un paso más: como 92 es mayor que 62, los resto nuevamente y obtengo el 30. Otra vez lo pongo en la segunda columna. Y aquí, como 30 es menor que 31, no lo puedo restar y lo vuelvo a anotar en la tercera columna.

Ya casi llegamos al final. Sólo falta un paso, y convengamos que el proceso hasta acá fue muy sencillo. ¿Cómo termina? Todo lo que hay que hacer es sumar los números de la cuarta columna que tengan un compañero en la segunda. Es decir:

$$2 + 4 + 16 = 22$$

Y obtenemos el número que estábamos buscando.

El resultado de dividir 712 por 31 es 22, y sobra el número 30, que figura en la columna tres, donde paré el proceso.

Verifíquelo:

$$31 . 22 = 682$$

Como escribí más arriba, el resto es 30. Luego:

$$682 + 30 = 712$$

Y se terminó. Resumen: se arman cuatro columnas. En la primera y la cuarta se trata de ir multiplicando por 2, empezando en la columna de la izquierda por el número por el que queremos dividir, y en la de la derecha, por el número 1.

En las columnas del medio se anotan los resultados de las restas, y cuando se puede restar, el número se guarda en la columna dos. Cuando no se puede restar, se coloca en la columna tres. El cociente se obtiene sumando los números de la cuarta columna que tienen un compañero en la segunda. Y el resto es el número que sobra en la columna dos o en la columna tres.

EJEMPLO 2

Para dividir 1.354 por 129, escribo la tabla directamente:

129		64	1
258	64		2
516		322	4
1.032	322		8
1.354			

El número 322 que figura en la columna dos resultó de restar 1.354 – 1.032. Como 322 es menor que 516, lo tuve que poner en la columna tres. Como 322 es mayor que 258, los resté y el resultado, 64, lo puse en la columna dos. Como 64 es menor que 129, lo puse en la columna tres. Y ahí terminé de construir la tabla.

Lo único que falta, entonces, es calcular el cociente y el resto. El cociente lo obtiene sumando los números de la cuarta columna que tienen un compañero en la segunda (es decir, cuando no ha quedado un lugar vacío). El cociente en este caso es:

$$2 + 8 = 10$$

El resto es el primer número de la columna tres, es decir: 64.

Hemos descubierto de esta manera que, si uno divide 1.354 por 129, el cociente es 10 y el resto, 64. Verifíquelo.

EJEMPLO 3

Ahora dividamos 13.275 por 91. Construyo la tabla como en los ejemplos anteriores:

91	80		1
182		171	2
364		171	4
728		171	8
1.456	171		16
2.912		1.627	32
5.824		1.627	64
11.648	1.627		128
13.275			

Con la tabla conseguimos, entonces, el cociente y el resto. El cociente, de sumar los números de la cuarta columna que tengan un compañero en la columna dos. Es decir:

$$1 + 16 + 128 = 145$$

Para determinar el resto miramos lo que sobró donde paré el proceso. En este caso, el número 80.

Verificación:

$$145 . 91 = 13.195$$
$$13.195 + 80 = 13.275$$

ÚLTIMO EJEMPLO

Quiero dividir 95.837 por 1.914. Construyo entonces la siguiente tabla:

1.914		137	1
3.828	137		2
7.656		3.965	4
15.312		3.965	8
30.624	3.965		16
61.248	34.589		32
95.837			

El número 34.589 resultó de restar 95.837 menos 61.248. El 3.965 resultó de restar 34.589 menos 30.624. Como 3.965 es menor que 15.312 y que 7.656, lo escribí dos veces en la tercera columna. Ahora, como 3.965 es mayor que 3.828, los puedo restar, y obtengo el 137. Como 137 es menor que 1.914, lo dejo en la tercera columna.

El cociente lo consigo sumando los números de la cuarta columna que tienen un compañero en la segunda. En este caso:

$$2 + 16 + 32 = 50$$

El resto es el último número en donde terminó el proceso (que puede figurar en la columna dos o en la tres). En este caso, es 137.

Verificación:

$$1.914 . 50 = 95.700$$

A lo que agrego el resto:

$$95.700 + 137 = 95.837$$

Y llego a lo que quería comprobar.

Para terminar, un par de observaciones:

a) No explico aquí por qué funciona el método porque no tendría el espacio adecuado, pero a aquellos que estén interesados, todo lo que deben hacer es *replicar* lo que uno hace cuando efectúa cualquier división común. Este método opera de la misma forma que el que uno conoce desde la escuela primaria, sólo que se usan (encubiertamente) los números binarios.

b) Más allá de que alguien adopte estos métodos para dividir y/o multiplicar sin tener que saber las tablas, lo que intento proponer es que hay otras maneras de hacerlo. Creo que hay que explorarlas para que, en definitiva, *enseñar las operaciones elementales* no sea una tortura para nadie.

Monedas en carretilla

¿Cuántas veces por día uno *estima* algo y no necesariamente se da cuenta de que lo hace?

En realidad, uno *vive* estimando todo el día, todo el tiempo. Voy a demostrarlo.

Cuando alguien sale de su casa, *estima* cuánto dinero tiene que llevar, pensando en el día que tendrá por delante. (Claro, eso si *tiene* dinero para llevar, y si *tiene* algún lugar adonde ir. Pero supongamos que se cumplen ambos requisitos.) Además, *estima* cuánto tiempo antes debe salir de su casa para llegar adonde debe ir. *Estima* si le conviene esperar el ascensor que está tardando más de la cuenta, o si le conviene bajar por la escalera. Y *estima* si le conviene ir en colectivo o en taxi, de acuerdo con el tiempo disponible. Y *estima* al cruzar la calle, si vienen autos, el tiempo que tardarán en llegar hasta él. Y decide entonces si cruza o no. Sin saberlo, estará *estimando* la velocidad del auto que viene a su izquierda, y la estará comparando con su propia *velocidad* para cruzar. Si va manejando un auto, *estima* cuándo tiene que apretar el freno y cuándo acelerar. O *estima* si llegará a cruzar el semáforo en verde o en amarillo, o si no cruzará. También *estima* cuántos cigarrillos comprar para el día, cuántos de ellos va a fumar, *estima* cuánto va a engordar con lo que comerá, *estima* a qué función del cine va a llegar... *Estima, estima...* y luego decide.

Creo que estará de acuerdo conmigo en que uno *vive estimando*, aunque no lo sepa. Estamos entrenados para hacer las cosas en piloto automático, pero cuando a uno lo corren un poquito de las estimaciones cotidianas, trastabilla. No siempre, claro, pero a nadie le gusta que lo muevan de la zona en la que se siente confortable.

Por ejemplo: supongamos que está parado en la vereda cerca de un edificio muy alto, digamos de *100 pisos*. Supongamos también que le digo que camiones blindados, de esos que transportan caudales, depositaron en la vereda suficientes monedas de un peso como para que las empiece a apilar en la base del edificio con la idea de llegar con ellas hasta la terraza.

Ahora, la parte importante: en la vereda dejaron una carretilla que mide un metro de ancho, por un metro de largo, por un metro de alto. Es decir que tiene un volumen de un metro cúbico.

¿Cuántos viajes tendrá que hacer con la carretilla llena de monedas, para levantar una pila o columna de monedas de un peso y llegar hasta la terraza del edificio?

Se trata de *estimar* cuántos viajes se necesitan. No hace falta hacer un cálculo *exacto*, sino dar una respuesta *estimativa*.

Aquí es donde lo dejo pensar solo; eventualmente puede usar la respuesta que figura más abajo, para *confirmar* lo que pensó. Y si bien la tentación es decir: "Ahora no tengo tiempo, voy a leer la solución", se perderá la oportunidad de disfrutar de sólo pensar. Nadie lo mira... y, por otro lado, ¿no es interesante poder hacer algo con lo que uno entrena el pensamiento, entrena la intuición, sin que haya nada en juego más que el *placer* de hacerlo?

Como incentivo, agrego una breve historia.

Este problema me lo contó Gerardo Garbulsky, doctor en Física del MIT y actual director de una consultora muy importante radicada en la Argentina. En el proceso de buscar gente para contratar, realizó esta pregunta a unos doscientos aspirantes. La distribución –aproximada– de las respuestas fue la siguiente:[3]

      1 carretilla: 1 persona
      10 carretillas: 10 personas
      100 carretillas: 50 personas
      1.000 carretillas: 100 personas
      10.000 carretillas: 38 personas
      Más de 10.000 carretillas: 1 persona

SOLUCIÓN:

La moneda de un peso argentino tiene 23 milímetros de diámetro y un espesor de 2,2 milímetros. Estos datos, obviamente, son aproximados, pero a los efectos del problema planteado son más que suficientes. Recuerde que no queremos una respuesta exacta sino una *estimación*.

Entonces, para hacer las cuentas más fáciles, voy a suponer que cada moneda tiene 25 milímetros de diámetro y 2,5 milímetros de espesor. Veamos cuántas monedas entran en la carretilla (de un metro cúbico de volumen). Estimemos cuántas se pueden poner en la base (que tiene un metro de largo por uno de ancho).

---

[3] Gerardo establece una diferencia entre la *estimación intuitiva* y la *estimación calculada*. Cuando realizaba esta pregunta en las entrevistas, pedía a los candidatos que primero le dijeran cuántos viajes eran necesarios sin hacer *ningún* cálculo. Así se obtuvieron las primeras respuestas. Después les pidió la estimación cuantitativa, y ahí el 99 por ciento de las respuestas fueron correctas. Es muy distinto tener "educada la intuición" o "ser capaz de estimar cantidades". La segunda es una capacidad que, ejercida repetidamente, ayuda a generar la primera, pero son de naturaleza muy distinta.

1 moneda	25 mm
4 monedas	100 mm
40 monedas	1.000 mm = 1 metro

Luego, como la base es cuadrada (de un metro por un metro), entran 40 . 40 = 1.600 monedas. Y como la carretilla tiene un metro de altura, y de espesor cada moneda tiene 2,5 milímetros, veamos cuántas monedas entran "a lo alto":

1 moneda	2,5 mm
4 monedas	10 mm
400 monedas	1.000 mm = 1 metro

De modo que en la base entran 1.600 monedas, y eso hay que multiplicarlo por 400 monedas de altura.

$$400 . 1.600 = 640.000 \text{ monedas}$$

Hagamos una pausa por un instante.

Acabamos de *estimar* que en cada carretilla de un metro cúbico entran casi 650.000 monedas. Guardemos este dato en la memoria. Falta ahora que *estimemos* cuántas monedas hacen falta para levantar una columna que vaya desde la base del rascacielos de 100 pisos hasta la terraza.

Estamos parados frente a un edificio de 100 pisos. Podemos *estimar* que la *altura* de cada piso es de 3 *metros*. Es decir, que un rascacielos de *100 pisos* tiene una altura de unos 300 metros. ¡Tres cuadras!

Ahora, *estimemos* cuántas monedas hacen falta para llegar hasta la terraza:

1 moneda	2,5 mm
4 monedas	10 mm
40 monedas	100 mm
400 monedas	1.000 mm = 1 metro

Es decir que hacen falta 400 monedas para llegar a tener *1 metro* de altura, de modo que, para llegar a 300 metros, multiplicamos por 400.

RESULTADO: 300 . 400 = 120.000 monedas

MORALEJA: Con una carretilla, alcanza y sobra.

Para concluir, veamos un par de reflexiones estimuladas por comentarios del propio Garbulsky y por Eduardo Cattani, otro excelente matemático y amigo, que trabaja hace muchísimo tiempo y con singular éxito en Amherst, Massachusetts.

Eduardo sugiere que "la altura de la moneda *no* es un dato necesario para hacer la estimación cuantitativa". Parece raro, pero sígame en este razonamiento: si se sabe que en la base de la carretilla entran 1.600 monedas y vamos a apilar monedas hasta que lleguen a un metro de altura, al finalizar el proceso tendremos 1.600 columnas de un metro.

Luego, cuando saquemos las monedas de la carretilla y pongamos cada pila de un metro encima de la otra, ¡formaremos una columna de 1.600 metros! Y para esto, no hizo falta saber cuál era el espesor de cada moneda.

Ahora que el problema terminó, le propongo pensar qué *aprende* uno de él. La intuición consiste en tratar de extrapolar las experiencias acumuladas en la vida y usarlas en las nuevas situaciones que se presenten. Esto, obviamente, no está mal. Sólo que cuando uno tiene que operar en diferentes escenarios, en donde los volúmenes son enormes, o las cantidades son más grandes, empieza a deslizarse por caminos desconocidos. Pero, como en todo, uno se entrena y aprende.

Ah... Creo que Gerardo sugirió que le dieran el puesto a la *única* persona que dijo que hacía falta *un solo viaje*.[4]

La historia de Google

¿Quiere entrar a trabajar en Google? Necesita estar preparado, por ejemplo, para resolver problemas como los que siguen.

La historia, al menos para mí, empezó en agosto del 2004. Estaba en Boston y al pasar por una estación de subte vi un cartel de publicidad muy grande, de unos quince metros de largo, colgado del techo de la estación correspondiente a la Universidad de Harvard. El cartel decía:

(primer primo de 10 dígitos consecutivos del desarrollo de e).com

Nada más. Eso era *todo* lo que decía el enorme cartel. Obviamente, me llamó muchísimo la atención, y lo primero que pensé

---

[4] Gerardo Garbulsky también reflexiona acerca del hecho de que la altura de la moneda no es un dato necesario para realizar la estimación cuantitativa. Por ejemplo: a) lo único necesario es saber el volumen de la torre de monedas, que obviamente no depende de la altura de cada moneda, sino de su diámetro y la altura del edificio; b) si las monedas tuvieran cualquier otra altura, por ejemplo, 1 metro, 1 dm, 1 cm, la respuesta sería la misma. De hecho, cuando uno hace la cuenta, la *altura* de la moneda se "cancela" en el mismo cálculo. Este aspecto del problema también es muy interesante, ya que más de la mitad de los entrevistados trató de calcular la altura (espesor) de la moneda para determinar la estimación cuantitativa. Dicho sea de paso, el espesor de la moneda es muy importante si uno quiere saber cuánto dinero hay en la torre de monedas.

era si se trataría efectivamente de un cartel de publicidad o si alguien estaría haciendo una broma o algo por el estilo. Pero no, el cartel tenía todas las características de ser una propaganda convencional.

Sin que nadie se sienta intimidado, podemos afirmar que cuando uno dice que algo crece *exponencialmente*, aunque no lo sepa, involucra al número e. Cuando uno habla de logaritmos, habla del número e. Cuando habla de interés compuesto, habla del número e. Cuando se refiere a la escala de Richter para medir terremotos, está involucrado el número e.

Del mismo modo que nos acostumbramos a oír o a leer que el número *pi* se escribe:

$$pi = 3,14159...$$

el número e también tiene *infinitas cifras*, y las primeras son:

$$e = 2,718281828...$$

El número e es una suerte de pariente cercano de *pi*, en el sentido de que, como *pi*, es irracional y trascendente.

La historia sigue así: después de ver el cartel (y descubrirlo en otros lugares más), le comuniqué mi hallazgo a mi amigo Carlos D'Andrea, matemático egresado de la Universidad de Buenos Aires (UBA), ahora instalado en Barcelona luego de su exitoso paso por Berkeley.

Carlos le trasladó la pregunta a Pablo Mislej, otro matemático argentino que en ese momento trabajaba en un banco en Buenos Aires (y acababa de tener su primer hijo). Unos días después, Pablo me escribió un e-mail contándome lo que había encontrado. Ni bien vio el problema, comprendió que necesitaba encontrar la mayor cantidad de decimales que hubiera publi-

cados del número *e*. Y encontró el primer millón de dígitos de
e en esta página:

http://antwrp.gsfc.nasa.gov/htmltest/gifcity/e.1mil

Esos datos se conocen hace ya muchos años, más precisamente desde 1994. Lo que tuvo que hacer Pablo fue separar la
información en segmentos de diez numeritos cada uno, y luego
fijarse cuál era el primero en formar un número primo. Como se
dará cuenta, todo esto es imposible de realizar sin una computadora, y siendo capaces de crear un programa que lo procese.

La primera tira de 10 dígitos que cumplía con lo pedido era:

7427466391

El número 7 que aparece en primer lugar en la tira corresponde al dígito 99 de la parte decimal del número *e*.

Con ese dato, a continuación Pablo tuvo que ir a la página web http://www.7427466391.com y ver qué pasaba. Cuando llegó a ese punto, se encontró con otro problema (algo así
como *La búsqueda del tesoro*). Claro que para llegar a él debió
resolver el primero.

Y lo que Pablo vio fue lo siguiente:

$$f(1) = 7182818284$$
$$f(2) = 8182845904$$
$$f(3) = 8747135266$$
$$f(4) = 7427466391$$
$$f(5) = \underline{\hspace{3cm}}$$

En este caso, se trataba de completar la secuencia. Es decir,
a partir de los primeros cuatro números de la columna de la

derecha, había que descubrir qué número correspondía al quinto lugar.

Pablo me escribió que, con un poco de suerte, advirtió que la suma de los diez dígitos de los primeros cuatro números da siempre 49. No sólo eso: como ya tenía los datos sobre el número *e* y su desarrollo, dedujo que los primeros cuatro números de esa columna correspondían a cuatro de las "tiras" que él ya tenía. Es más: vio que el primer número,

7182818284

correspondía a los primeros *diez dígitos* del desarrollo decimal del número *e*.

El segundo:

8182845904

son los dígitos que van del *quinto hasta el decimocuarto lugar*.

El tercero:

8747135266

corresponde a los dígitos que van del lugar 23 al 32. Y por último, el cuarto:

7427466391

es la "tira" que involucra a los dígitos 99 al 108 del desarrollo de *e*. Se dio cuenta, entonces, de que estaba cerca: necesitaba buscar ahora la primera "tira" de todas las que no había usado, que sumara 49... ¡Y la encontró!

El candidato a ser el quinto número de la secuencia era el

5966290435

que corresponde a los dígitos 127 al 136 del desarrollo decimal. Cuando completó la secuencia, y pulsó *enter* en su computadora, apareció súbitamente en otra página web. Ésta decía:

http://www.google.com/labjobs/index.html

donde invitaban a enviar el currículum vitae, que sería tenido en cuenta por la firma Google para un futuro contrato, porque quien hubiera ingresado en esa página habría superado los obstáculos que ellos creían suficientes para poder pertenecer a la empresa.[5]

Los tests de inteligencia

Quiero retomar aquí el tema de la *inteligencia*. No sólo porque es un asunto apasionante, debatible y del que se sabe muy poco, sino porque sería interesante discutir sobre los métodos que se utilizan comúnmente para medirla. De hecho, es curioso que algunas personas –de cuya buena fe no tengo por qué dudar (aunque... de acuerdo... de algunos desconfío...)– ofrezcan tests para medir algo cuya definición no se conoce. ¿Qué se evalúa entonces?

---

[5] Como dato ilustrativo, otro amigo mío y profesor de la Facultad de Ciencias Exactas (UBA), Ricardo Durán, también resolvió el problema. Por ahora, Pablo sigue trabajando en el banco, y Ricardo es uno de los mejores profesores que tiene el departamento de matemática de la Facultad y uno de los mejores tipos que conozco.

Por ejemplo: le dan una tabla de números en la que *falta* uno y le piden que diga qué número falta y que explique cómo llegó a ese resultado.

54	(117)	36
72	(154)	28
39	(513)	42
18	(¿?)	71

El test, supuestamente, consiste no sólo en que pueda determinar qué número debería ir en lugar de los signos de interrogación, sino también en medir su capacidad de análisis para deducir *una ley de formación*. Es decir: alguien pensó en un patrón que subyace tras la gestación de esos números, y pretende que usted lo descubra.

Si yo fuera usted, pararía un rato y pensaría en alguna solución. Aquí voy a proponerle una alternativa, pero, en todo caso, uno puede entretenerse buscándola sola/o.

UNA POTENCIAL SOLUCIÓN

Uno podría decir que el número que falta es el 215. Mire los números que integran la primera fila en la primera y tercera columna: 54 y 36 . La suma de los dos exteriores (5 + 6) da 11, y la suma de los dos interiores (4 + 3) da 7.

De esa forma, se obtuvo el número 117: juntando la suma de los dos exteriores con la de los dos interiores.

Pasemos ahora a la siguiente fila y hagamos el mismo ejercicio. Los dos números de la primera y la tercera columna son 72 y 28. Sumando los dos exteriores (7 + 8) da 15 y sumando los dos interiores (2 + 2) da 4. Entonces, el número que va en el centro es 154.

Si uno sigue en la tercera fila, tiene 39 y 42. La suma de los dos exteriores (3 + 2) da 5 y la de los dos interiores (9 + 4) da 13. Por lo tanto, el número que va en el centro es el 513.

Por último, con este patrón, dados los números 18 y 71, los dos exteriores suman (1+ 1) 2, y los dos centrales (8 + 7), 15. Corolario: si quien diseñó pensó igual que usted (o que yo) el número que falta es el 215.

Me apresuro a decir que *ninguno de estos métodos es fiable, ni mucho menos exacto.* De hecho, habría –y en general *hay*– infinitas maneras de encontrar un número que ocupe el lugar del signo de interrogación. Se trata, en todo caso, de ser capaz de buscar el que pensaron los que diseñaron el test.

OTRO EJEMPLO (MUY ILUSTRATIVO)

Alicia Dickenstein, la brillante matemática argentina, me invitó a pensar un poco más sobre las personas que producen estos tests. "Creo que estos IQ [*Intelligence Quotient*] tests son muy peligrosos –me dijo–. No son más que algo estándar que puede aprenderse y sólo miden el aprendizaje cuadrado en una dirección. Es decir: no se sabe bien qué miden y algunas personas, inescrupulosas y malintencionadas, se permiten sacar conclusiones sobre la supuesta 'inteligencia' o 'no' de un sujeto. De hecho, en los Estados Unidos hubo una gran controversia sobre este tipo de tests, ya que se usaban para ubicar a los 'afroamericanos' en clases más retrasadas con una obvia intención segregacionista. Lo único que se puede comprobar es que hay gente que no está entrenada para este tipo de tests. Y nada más."

Sigo yo: el peligro latente (o no tanto) es que cuando a un chico o a un joven se lo somete a este tipo de problemas, contesta como puede, en general, con bastante miedo a equivocarse. La sensación que prima en el que rinde el test (y en sus padres), es que lo están juzgando "para siempre". Es que, de hecho, como supuestamente mide la inteligencia, y salvo que uno la pueda mejorar con el paso del tiempo (*lo que natura non da, Salamanca non presta*), la idea de que es algo definitivo está siempre presente. Una sensación de alivio recorre a todos, al que rindió el test y a la familia, cuando el implicado contesta lo que pensaron los que lo prepararon. En todo caso, sólo demuestra que es tan inteligente como para hacer lo que ellos esperaban.

Si, por el contrario, no encuentra la respuesta o se equivoca, se expone a enfrentar la cara circunspecta (y exagero, obviamente) de quien llega con una mala noticia: "Lamento comunicarle que usted será un *estúpido* toda su vida. Dedíquese a otra cosa".

Aunque más no sea por eso, cualquier test que presuma de medir algo tan *indefinible* como la inteligencia, debería ser hecho en forma hipercuidadosa.

Lo que sigue es un ejemplo que me mandó Alicia, que invita a la reflexión. De hecho, le pido que lea el test (es una verdadera pavada) y piense qué respuesta daría. Verá que, aun en los casos más obvios, *no hay una respuesta única*. Aquí va:

Si uno encuentra la siguiente serie de números (agrupados de la forma que se indica):

1	2	3
4	5	6
7	8	¿?

¿Qué número pondría en reemplazo de los signos de interrogación?

(Deténgase un momento para pensar qué haría usted.)

No me diga que no pensó o consideró el número 9, porque no le creo. Claro, ése sería el pensamiento que Alicia Dickenstein denomina "rutinario", o bien: "el que responde lo que el que pregunta quiere oír". Y esta última afirmación es muy importante. Porque, ¿qué pasaría si le dijera que la serie se completa así?:

1	2	3
4	5	6
7	8	27

Seguramente pensaría que leyó mal o que hay un error de imprenta. No, el último número es el 27. Le muestro el patrón que podría haber buscado quien pensó el problema.

Tome el primer número y elévelo al cuadrado (o sea, multiplíquelo por él mismo). Al resultado réstele cuatro veces el segundo, y a lo que obtenga, súmele 10. En la primera fila, entonces, al elevar 1 al cuadrado, obtendrá otra vez 1. Ahora le resta cuatro veces el segundo, es decir, cuatro veces el número 2, y le suma 10. Resultado: 3.

$1 - 8 + 10 = 3$ (que es el tercer número de la primera fila)

En la segunda fila, eleve el primer número al cuadrado (4^2), o sea $4 \cdot 4$, con lo que obtiene 16. Le resta cuatro veces el segundo número ($4 \cdot 5 = 20$) y le suma 10. Resultado: 6.

$$16 - 20 + 10 = 6$$

En la tercera fila tendría 7 al cuadrado (49), menos cuatro veces el segundo (4 . 8 = 32), más 10. Resultado: ¡27!

$$49 - 32 + 10 = 27$$

MORALEJA 1: Trate de entrenarse haciendo este tipo de tests y verá cómo al final le salen todos, o casi todos. Ése será el momento en que quizá crea que es más inteligente. Lo curioso es que tal vez haya aprendido a *someterse mejor* al pensamiento oficial.

MORALEJA 2: Pretender usar la matemática como un testeador de la inteligencia puede producir un efecto no sólo negativo y frustrante, sino *falso*. Aunque más no sea porque no se sabe qué se mide.

Sudoku

¿Sudoku dijo? ¿Qué es Sudoku? Posiblemente hoy haya mucha gente que puede contestar qué es el Sudoku, pero lo que es seguro es que hace dos años nadie tenía idea de que habría de transformarse en el "furor" en términos de pasatiempo y juegos de lógica. De hecho, muchísimos diarios y revistas, no sólo en la Argentina sino en todo el mundo, llenan sus páginas con este juego originado en Japón, y que tiene "atrapada" a buena parte de la población que busca en crucigramas, rompecabezas y pasatiempos de diversa índole una manera de darle "chicle" al cerebro para mascar.

Para aquellos que nunca escucharon hablar del Sudoku, las reglas son bien simples y fácilmente comprensibles.

El Sudoku es como un crucigrama donde aparece un "cuadrado grande" de 9 filas por 9 columnas –es decir, 81 casilleros–, que está dividido a su vez en 9 subcuadrados de 3 . 3:

8		1		2	6			
	7	3		1				9
	4	9					5	2
	6				8	4		
9	3		2		1		7	8
		5	7				3	
5	2					6	8	
4				7		3	1	
			6	5		9		7

Hay que llenar cada subcuadrado con los nueve dígitos que van del 1 hasta el 9, es decir: 1, 2, 3, 4, 5, 6, 7, 8 y 9. Eso sí: no puede aparecer ningún dígito repetido ni en la misma fila ni la misma columna del cuadrado grande. Ésas son las reglas, fáciles y sencillas.

Como dato adicional, ya vienen "de fábrica" algunos números ubicados en sus posiciones. Todo lo que hay que hacer es completar las casillas restantes.

Como suele suceder ahora, Internet está repleto de variaciones del juego. Su aparición rompió con los moldes de los viejos crucigramas o juegos de palabras tradicionales, pero lo interesante es que, si bien hay números involucrados (los dígitos del 1 al 9 repartidos múltiples veces en las casillas), pocos deben creer que están usando y haciendo matemática cuando resuelven uno de los problemas. Más aún: como hay muchísimos maestros y profesores de matemática del país que andan a la búsqueda de nuevos estímulos para sus estudiantes, creo que el Sudo-

ku permite formular ciertas preguntas –no todas de fácil respuesta– que funcionen como disparadores de un trabajo inte-
ractivo entre docentes y alumnos.

Las que siguen son sólo algunas de esas preguntas. Eso sí:
uno puede jugar al Sudoku sin tener que contestar ninguna, y
vivir feliz. Pero también es cierto que uno puede hacerse las preguntas y ser feliz aun sin encontrar las respuestas, y ni qué hablar
si las encuentra.

El nombre Sudoku

De acuerdo con datos extraídos de *Wikipedia* (la enciclo-
pedia gratuita que figura en Internet), que fueron corroborados
por otras fuentes, Sudoku proviene del japonés *Suuji wa dokus-
hin ni kagiru*, que significa: "los dígitos tienen que quedar *sol-
teros*", o "libres", y es una marca registrada de la editorial japo-
nesa Nikoli Co. Ltd.

¿Desde cuándo existe el Sudoku?

Hay distintas versiones, pero la más aceptada es que apareció por primera vez en una revista en Japón, en 1984. El Sudoku debe toda su popularidad a Wayne Gould, un juez que se jubi-
ló en Hong Kong y que luego de conocer el juego en Tokio,
escribió un programa de computadora que automáticamente
generaba distintos Sudokus con qué entretenerse. Luego se dio
cuenta de que, quizás, había descubierto una mina de oro y
comenzó a ofrecerlo a distintos diarios europeos. Lo curioso es
que recién en 2004 (hace sólo *dos años*) uno de los periódicos
más importantes de Inglaterra, el *Times,* que se publica en Lon-

dres, aceptó la propuesta de Gould, y su competidor, el no menos famoso *Daily Telegraph*, lo siguió inmediatamente en enero del 2005. A partir de ahí, explotó en el resto del mundo, incluso en la Argentina.

Hoy, el juego causa *furor* en múltiples diarios, revistas y libros especialmente publicados con variantes sorprendentes, versiones más fáciles, otras más complicadas, con diferentes grados de dificultad. Es común ver gente en los colectivos, trenes y estaciones de subte, ensimismada y pensativa, como "ausente", jugando con algún ejemplar del Sudoku.

La matemática

Como decía, uno puede sentarse y jugar al Sudoku, entretenerse con él y nada más. Y de hecho eso es lo que hace la mayoría. Pero, al mismo tiempo, lo invito a pensar algunas posibles preguntas alrededor del Sudoku:

a) ¿Cuántos juegos de Sudoku *posibles* hay?

b) ¿Se terminarán en algún momento?

c) ¿Alcanzará para entretener a esta generación? O, en todo caso, ¿cuándo empezarán a repetirse?

d) La solución a la que uno llega (*cuando* llega a alguna), ¿es única?

e) ¿Cuántos numeritos tienen que venir "de fábrica" para que la respuesta sea única? Es decir, ¿cuántas casillas tienen que estar completas de entrada, para que uno pueda empezar a jugar con confianza de que el problema tendrá una única solución?

f) ¿Hay un *número mínimo* de datos que deben darnos? ¿Y un número máximo?

g) ¿Hay algún método para resolverlos?

h) ¿Se pueden hacer Sudokus de otros tamaños? ¿Cuántos habrá de 4 . 4? ¿Y de 16 . 16?

i) ¿Se podrá inventar Sudokus de 7 . 7? ¿Y de 13 . 13? En todo caso, ¿cuadrados de cuántas filas y columnas se pueden considerar?

En fin, hay muchísimas preguntas que uno puede formularse, y estoy seguro de que mientras usted leía éstas, pensó en otras que quizá le interesen más. En realidad, eso es lo único que importa.

Con todo, quisiera aportar algunas respuestas, a las que se puede acceder en cualquier libro que se especialice en este pasatiempo japonés, o bien en Internet, o incluso en la famosa revista *Scientific American*, que le dedicó una nota de varias páginas en la edición de junio de 2006.

Algunos datos sobre el Sudoku

Antes que nada, voy a proponerle algunas reflexiones.

Suponga que tiene resuelto uno de los Sudoku y decide cambiar dos números de posición. Por ejemplo: cada vez que aparece un número 1, lo cambia por un 8. Y al revés lo mismo, es decir, cada vez que aparece un 8 lo cambia por un 1. Obviamente, aunque parezcan dos juegos distintos, serán *el mismo*. Es decir que como juegos son diferentes, pero en esencia sabremos que uno proviene de otro intercambiando un par de números, por lo que cualquier dificultad que tuviera el primero, lo tendrá el segundo. Y viceversa.

Ahora bien: si vamos a calcular todos los Sudokus que hay, a estos dos últimos ¿los contamos dos veces o reconocemos que es el mismo juego con dos "apariencias" diferentes?

Por otro lado, suponiendo que uno tiene resuelto un Sudoku, e intercambia (sólo por poner un ejemplo) las filas uno y tres, ¿cambia el resultado final? ¿Agrega o quita alguna dificultad? ¿Y si uno intercambiara la cuarta y la quinta columnas? ¿Varía en algo el planteo inicial? ¿Se trata, acaso, de dos juegos diferentes? Uno puede decir que sí, que son dos juegos diferentes porque las columnas están cambiadas o los dígitos están intercambiados. Aceptemos esta respuesta. En ese caso, el número de Sudokus que se pueden encontrar (con ayuda de algunas herramientas matemáticas y de lógica y, por supuesto, computadoras rápidas) es:

$$6.670.903.752.021.072.936.960$$

Más de 6.670 trillones de juegos posibles.

En cambio, si uno restringe los casos como el planteado, y no considera distintos a los que surgen –por ejemplo– de intercambiar dos dígitos, o dos columnas o dos filas, entonces el número de juegos posibles se reduce muchísimo:

$$5.472.730.538$$

Un poco menos de 5.500 millones. Con todo, lo interesante de este número es que, como dice Jean-Paul Delahaye en el artículo publicado por *Scientific American*, es menor que el número de personas que habitamos la Tierra, calculado en más de 6.300 millones.

Con estos datos creo que está claro que es difícil que uno pueda considerar que se van a *acabar* los juegos en esta generación. De hecho, podemos jugar tranquilos sin que corramos el riesgo de *descubrir* alguna de las posibles repeticiones.

Otra de las preguntas pendientes se refiere a la *unicidad* en la respuesta. ¿Qué quiere decir esto? Supongamos que nos dan un juego de Sudoku, que tiene *repartidos* ciertos dígitos en algunas casillas. Por supuesto, no hay garantía de que esa configuración tenga solución, es decir que podríamos encontrarnos con algunos datos contradictorios. Pero suponiendo que están bien, y que no hay contradicciones, ¿cómo sabemos que la solución que encontramos es la *única* posible?

En realidad, ésa es una muy buena pregunta, porque al haber tantos juegos de Sudoku habrá que recurrir a una computadora para comprobar –en general– si en nuestro caso puede haber más de una solución. Podría ser así. De hecho, usted mismo puede *inventar* un juego que tenga más de una solución. Sin embargo, la *unicidad* de la solución debería ser un requerimiento básico. Porque se supone que si el juego está *bien planteado*, tiene que tener una solución *única*. Ésa es una parte del atractivo del Sudoku; si no, sería como jugar al "bingo", y cuando uno cree que ganó y grita "¡Bingo!", hay otro que "gana" junto con usted.

Ahora bien: ¿cuántos números deben venir impresos *antes* de empezar el juego? ¿Los contó alguna vez? ¿Siempre es la misma cantidad? Lo interesante en este aspecto es que el número de *datos* con el que ya viene cada Sudoku varía con cada juego. No hay un número predeterminado que sea el correcto. No obstante, como podrá intuir, *algunos números tienen* que aparecer porque, en el caso extremo, si no hubiera ninguno habría muchísimos resultados posibles. Ni bien se coloca *un* dígito, disminuye la cantidad de respuestas, y al agregar cada vez más, se irán restringiendo las soluciones en forma proporcional, hasta llegar a un número de datos que *garantice* una *solución única*.

Otro problema es el de la *minimalidad*, es decir, ¿cuál es el número *mínimo* de datos que deben figurar para que haya *una única solución*? Hasta hoy el problema no tiene respuesta. La conjetura más aceptada es que hacen falta 17. Hay varios matemáticos en el mundo *pensando y discutiendo* el caso, y uno de ellos, el irlandés Gary McGuire, de la Universidad Nacional de Irlanda (Maynooth), lidera un proyecto que trata de probar que hay ejemplos de Sudoku que con 16 datos garantizan una solución única. Hasta acá, según él mismo reconoció, ha fallado en el intento, por lo que el 17 sigue siendo el número aceptado.

Existen muchas preguntas *abiertas* –sin respuesta– aún hoy, y hay varios casos más sencillos que se pueden atacar (con un tablero de 4 . 4, por ejemplo). Lo que creo interesante es mostrar cómo un juego inocente y que sólo parece un pasatiempo, tiene mucha matemática detrás.

ALGUNAS REFERENCIAS:

http://en.wikipedia.org/wiki/Sudoku
http://sudoku.com.au/
http://www.dailysudoku.com/sudoku/index.shtml
http://www.daily-sudoku.com/
http://www.sudoku.com/howtosolve.htm

Criba de Eratóstenes

Eratóstenes (257-195 a.C.) nació en Cyrene (ahora Libia), en el norte de África. Fue el primero en calcular, con precisión sorprendente para la época, el diámetro de la Tierra (nunca voy a entender por qué se le atribuye a Colón el haber "descubierto" que la Tierra era "redonda" o esférica, cuando eso ya se sabía desde más de *quince siglos* atrás).

Por varias décadas, Eratóstenes fue director de la famosa Biblioteca de Alejandría. Fue una de las personas más reconocidas de su tiempo, y lamentablemente sólo unos pocos fragmentos de lo que escribió sobrevivieron hasta nuestros días. Eratóstenes murió en una huelga voluntaria de hambre, inducido por la ceguera, que lo desesperaba. Aquí deseo presentar uno de sus famosos desarrollos: la llamada "Criba de Eratóstenes".

Sabemos que un *número primo* (positivo) es aquel número entero que *sólo es divisible por sí mismo y por 1* (explícitamente se excluye al número 1 de la definición). Lo que hizo Eratóstenes fue diseñar un algoritmo que le permitiera encontrar *todos los números primos*. Veamos qué es lo que hizo.

Escribamos los primeros 150 números:

1	2	3	4	5	6	7	8	9	10
11	12	13	14	15	16	17	18	19	20
21	22	23	24	25	26	27	28	29	30
31	32	33	34	35	36	37	38	39	40
41	42	43	44	45	46	47	48	49	50
51	52	53	54	55	56	57	58	59	60
61	62	63	64	65	66	67	68	69	70
71	72	73	74	75	76	77	78	79	80
81	82	83	84	85	86	87	88	89	90
91	92	93	94	95	96	97	98	99	100
101	102	103	104	105	106	107	108	109	110
111	112	113	114	115	116	117	118	119	120
121	122	123	124	125	126	127	128	129	130
131	132	133	134	135	136	137	138	139	140
141	142	143	144	145	146	147	148	149	150

Eratóstenes empezó a recorrer la lista. El 1 no lo consideró, porque sabía que no era primo, de modo que el primer número con el que se encontró fue el 2. Lo que hizo entonces fue *dejar el 2* y *tachar* todos sus múltiplos. Y le quedó una lista como ésta:

~~1~~	2	3	~~4~~	5	~~6~~	7	~~8~~	9	~~10~~
11	~~12~~	13	~~14~~	15	~~16~~	17	~~18~~	19	~~20~~
21	~~22~~	23	~~24~~	25	~~26~~	27	~~28~~	29	~~30~~
31	~~32~~	33	~~34~~	35	~~36~~	37	~~38~~	39	~~40~~
41	~~42~~	43	~~44~~	45	~~46~~	47	~~48~~	49	~~50~~
51	~~52~~	53	~~54~~	55	~~56~~	57	~~58~~	59	~~60~~
61	~~62~~	63	~~64~~	65	~~66~~	67	~~68~~	69	~~70~~
71	~~72~~	73	~~74~~	75	~~76~~	77	~~78~~	79	~~80~~
81	~~82~~	83	~~84~~	85	~~86~~	87	~~88~~	89	~~90~~
91	~~92~~	93	~~94~~	95	~~96~~	97	~~98~~	99	~~100~~
101	~~102~~	103	~~104~~	105	~~106~~	107	~~108~~	109	~~110~~
111	~~112~~	113	~~114~~	115	~~116~~	117	~~118~~	119	~~120~~
121	~~122~~	123	~~124~~	125	~~126~~	127	~~128~~	129	~~130~~
131	~~132~~	133	~~134~~	135	~~136~~	137	~~138~~	139	~~140~~
141	~~142~~	143	~~144~~	145	~~146~~	147	~~148~~	149	~~150~~

Una vez que *tachó todos los múltiplos de 2*, siguió con la lista. Fue hasta el primer número sin tachar y se encontró con el 3. Lo dejó así, sin tachar, y eliminó *todos sus múltiplos*. La tabla quedó de esta manera:

~~1~~	2	3	~~4~~	5	~~6~~	7	~~8~~	~~9~~	~~10~~
11	~~12~~	13	~~14~~	~~15~~	~~16~~	17	~~18~~	19	~~20~~
~~21~~	~~22~~	23	~~24~~	25	~~26~~	~~27~~	~~28~~	29	~~30~~
31	~~32~~	~~33~~	~~34~~	35	~~36~~	37	~~38~~	~~39~~	~~40~~
41	~~42~~	43	~~44~~	~~45~~	~~46~~	47	~~48~~	49	~~50~~
~~51~~	~~52~~	53	~~54~~	55	~~56~~	~~57~~	~~58~~	59	~~60~~
61	~~62~~	~~63~~	~~64~~	65	~~66~~	67	~~68~~	~~69~~	~~70~~
71	~~72~~	73	~~74~~	~~75~~	~~76~~	77	~~78~~	79	~~80~~
~~81~~	~~82~~	83	~~84~~	85	~~86~~	~~87~~	~~88~~	89	~~90~~
91	~~92~~	~~93~~	~~94~~	95	~~96~~	97	~~98~~	~~99~~	~~100~~
101	~~102~~	103	~~104~~	~~105~~	~~106~~	107	~~108~~	109	~~110~~
~~111~~	~~112~~	113	~~114~~	115	~~116~~	~~117~~	~~118~~	119	~~120~~
121	~~122~~	~~123~~	~~124~~	125	~~126~~	127	~~128~~	~~129~~	~~130~~
131	~~132~~	133	~~134~~	~~135~~	~~136~~	137	~~138~~	139	~~140~~
~~141~~	~~142~~	143	~~144~~	145	~~146~~	~~147~~	~~148~~	149	~~150~~

Después, siguió. Como el 4 ya estaba tachado, avanzó hasta el primer número sin tachar y se encontró con el 5. Dejó el 5 y continuó con el proceso anterior, tachando todos sus múltiplos. De esa forma, quedaron eliminados *todos los múltiplos de 5*. Y la tabla quedó así:

~~1~~	2	3	4	5	~~6~~	7	~~8~~	~~9~~	~~10~~
11	~~12~~	13	~~14~~	~~15~~	~~16~~	17	~~18~~	19	~~20~~
~~21~~	~~22~~	23	~~24~~	~~25~~	~~26~~	~~27~~	~~28~~	29	~~30~~
31	~~32~~	~~33~~	~~34~~	~~35~~	~~36~~	37	~~38~~	~~39~~	40
41	~~42~~	43	~~44~~	~~45~~	~~46~~	47	~~48~~	~~49~~	~~50~~
~~51~~	~~52~~	53	~~54~~	~~55~~	~~56~~	~~57~~	~~58~~	59	~~60~~
61	~~62~~	~~63~~	~~64~~	~~65~~	~~66~~	67	~~68~~	~~69~~	~~70~~
71	~~72~~	73	~~74~~	~~75~~	~~76~~	77	~~78~~	79	~~80~~
~~81~~	~~82~~	83	~~84~~	~~85~~	~~86~~	~~87~~	~~88~~	89	~~90~~
91	~~92~~	~~93~~	~~94~~	~~95~~	~~96~~	97	~~98~~	~~99~~	~~100~~
101	~~102~~	103	~~104~~	~~105~~	~~106~~	107	~~108~~	109	~~110~~
~~111~~	~~112~~	113	~~114~~	~~115~~	~~116~~	~~117~~	~~118~~	119	~~120~~
121	~~122~~	~~123~~	~~124~~	~~125~~	~~126~~	127	~~128~~	~~129~~	~~130~~
131	~~132~~	133	~~134~~	~~135~~	~~136~~	137	~~138~~	139	~~140~~
~~141~~	~~142~~	143	~~144~~	~~145~~	~~146~~	~~147~~	~~148~~	149	~~150~~

Luego siguió con el 7, y tachó todos sus múltiplos. Después avanzó hasta el primer número sin tachar, y encontró el 11. Lo dejó, y tachó todos sus múltiplos. Siguió hasta el siguiente número no tachado, y se encontró con el 13. Luego, tachó todos sus múltiplos, y continuó con el mismo ejercicio hasta completar la tabla.

Finalmente, los números que no estaban tachados no eran múltiplos de ningún número anterior. En realidad, lo que estaba haciendo era construir una suerte de "filtro" por el cual, al hacer pasar todos los números, sólo quedaban los primos.

Y la tabla quedaba (al menos, en los primeros 150 lugares) así:

~~1~~	**2**	**3**	4	**5**	~~6~~	**7**	8	~~9~~	~~10~~
11	~~12~~	**13**	~~14~~	~~15~~	~~16~~	**17**	~~18~~	**19**	~~20~~
~~21~~	~~22~~	**23**	~~24~~	~~25~~	~~26~~	~~27~~	~~28~~	**29**	~~30~~
31	~~32~~	~~33~~	~~34~~	~~35~~	~~36~~	**37**	~~38~~	~~39~~	~~40~~
41	~~42~~	**43**	~~44~~	~~45~~	~~46~~	**47**	~~48~~	~~49~~	~~50~~
~~51~~	~~52~~	**53**	~~54~~	~~55~~	~~56~~	~~57~~	~~58~~	**59**	~~60~~
61	~~62~~	~~63~~	~~64~~	~~65~~	~~66~~	**67**	~~68~~	~~69~~	~~70~~
71	~~72~~	**73**	~~74~~	~~75~~	~~76~~	~~77~~	~~78~~	**79**	~~80~~
~~81~~	~~82~~	**83**	~~84~~	~~85~~	~~86~~	~~87~~	~~88~~	**89**	~~90~~
91	~~92~~	~~93~~	~~94~~	~~95~~	~~96~~	**97**	~~98~~	~~99~~	~~100~~
101	~~102~~	**103**	~~104~~	~~105~~	~~106~~	**107**	~~108~~	**109**	~~110~~
~~111~~	~~112~~	**113**	~~114~~	~~115~~	~~116~~	~~117~~	~~118~~	~~119~~	~~120~~
~~121~~	~~122~~	~~123~~	~~124~~	~~125~~	~~126~~	**127**	~~128~~	~~129~~	~~130~~
131	~~132~~	**133**	~~134~~	~~135~~	~~136~~	**137**	~~138~~	**139**	~~140~~
~~141~~	~~142~~	**143**	~~144~~	~~145~~	~~146~~	~~147~~	~~148~~	**149**	~~150~~

Con este método sencillo pero muy efectivo, Eratóstenes construyó su famosa "criba". Los números que lograban sortear el filtro eran los números primos: 2, 3, 5, 7, 11, 13, 17, 19, 23, 29, 31, 37, 41, 43, 47, 53, 59, 61, 67, 71, 73, 79, 83, 89, 91, 97, 101, 103, 107, 109, 113, 127, 131, 133, 137, 139, 143, 149...

Sabemos que los primos son infinitos, pero todavía hay muchas preguntas respecto de ellos. Con todo, la criba de Eratóstenes fue el primer método o algoritmo que se conoció para identificarlos.[6] Aún hoy es la forma más efectiva para detectar los

---

[6] Obviamente no los encuentra a *todos* porque los primos son infinitos, pero

números primos más pequeños (digamos, los menores de 10 millones).

Aunque sea nada más que por este aporte a la Teoría de números y por lo que hizo con un grado de eficiencia notable para la época al determinar que la Tierra era redonda, se merece un lugar en la Historia.

Números perfectos

Los números enteros son una usina generadora de problemas interesantes. Y muchos de ellos siguen *abiertos,* en el sentido de que aún no se conoce su solución. Aquí voy a exponer uno de esos problemas.

Pitágoras y sus discípulos creían que los números contenían *la esencia* de todo, y les ponían género también. Por ejemplo, decían que los números *pares* eran *femeninos.* En esta oportunidad, me voy a ocupar de los que llamaron *números perfectos.*

Antes que nada, los números que voy a usar en este tramo son los que se denominan números *naturales,* los que uno conoce porque los *usamos* todos los días: 1, 2, 3, 4, 5, 6, ..., etcétera.

Tomemos ahora un número natural cualquiera, digamos el 12. ¿Cuántos números lo dividen exactamente? Es decir, ¿en cuántas partes se puede dividir el 12 sin que sobre nada?

La respuesta es (espero que lo haya resuelto solo antes):

1, 2, 3, 4, 6 y 12

---

lo que asegura este proceso es que uno puede determinar *todos los primos menores que un número dado,* o bien decidir si un número cualquiera es primo o no.

Si divido 12 por el número 1, obtengo 12 y no sobra nada. Si divido 12 por 2, obtengo 6 y no sobra nada. Si divido 12 por 3, obtengo 4 y no sobra nada. Si divido 12 por 4, obtengo 3 y no sobra nada...

Pero si dividiera el número 12 por 5, el resultado no sería un número natural, sino 2,4. En este sentido, podemos decir que el número 12 no es *divisible exactamente* por 5, pero sí por 1, 2, 3, 4, 6 y 12. Justamente, estos números son los *divisores* del 12.[7]

Ya sabemos entonces cuáles son los *divisores* de un número natural. Como se dará cuenta, el número 1 es siempre *divisor* de cualquier número. Y también es cierto que *el propio número* es *siempre* divisor de sí mismo.

Ahora bien. Volvamos al número 6. ¿Qué divisores tenía? Como vimos:

1, 2, 3 y 6

Si excluimos al propio número, es decir, si excluimos al 6, entonces los divisores son: 1, 2 y 3. A éstos se los llama *divisores propios*.

Si los *sumamos* obtenemos:

1 + 2 + 3 = 6

Es decir que *si uno suma los divisores propios*, en este caso obtiene *el número de partida*.

Tomemos otro ejemplo; el número 10.

Los divisores propios del 10 (es decir, los que no lo incluyen) son:

---

[7] Una definición más precisa es la siguiente: "El número natural d es un *divisor* del número natural n, si existe un número natural q tal que: n = d . q".

1, 2 y 5

Si uno los suma:

$$1 + 2 + 5 = 8$$

en este caso, la suma de los divisores *no* permite obtener el número original.

Tomemos otro número. Los divisores propios del 12:

1, 2, 3, 4 y 6

Si uno los suma, tiene:

$$1 + 2 + 3 + 4 + 6 = 16$$

Otra vez se obtiene un número *distinto* del de partida. La suma de los divisores *no reproduce* el número original.

Cabe entonces preguntarse si es el 6 el único ejemplo, o si hay otros. A los números que, como el 6, cumplen con la propiedad de que la suma de sus divisores propios reproduce el número original, se los llama *perfectos*.

El número 6 que encontramos, ¿habrá sido una casualidad? ¿Será el único? (Invito al lector a seguir *probando* solo. Busque otros números perfectos.)

Analicemos ahora el número 28. El 28 tiene como divisores (excluyéndolo a él mismo) a

1, 2, 4, 7, 14

Y la suma da:

$$1 + 2 + 4 + 7 + 14 = 28$$

Luego, el 28 ¡es un número perfecto!

Por fortuna, entonces, el 6 no es el único. En todo caso, es el primer número perfecto entre los naturales. Ya sabemos que hay otro más: el 28, entre ellos.

Lo invito a descubrir que ningún número entre 6 y 28 es perfecto. Es decir, el número 28 es el *segundo* número perfecto.

Acá aparecen algunas preguntas que son naturales:

- ¿Habrá un tercero?
- Si lo hay, ¿cuál es?
- ¿Cuántos números perfectos hay?
- ¿Hay alguna manera de encontrar *todos* los números perfectos?

Ahora, algunas respuestas. Y digo *algunas* no sólo porque en este texto no cabrían todas (ni mucho menos), sino porque hay algunas respuestas que aún no se conocen.

Avancemos un poco más.

El número 496 tiene como *divisores propios* a

$$1, 2, 4, 8, 16, 31, 62, 124 \text{ y } 248$$

Luego, si uno los suma, obtiene:

$$1 + 2 + 4 + 8 + 16 + 31 + 62 + 124 + 248 = 496$$

Hemos descubierto otro número perfecto: ¡el 496!

Un par de cosas más. Se sabe (y usted puede confirmarlo haciendo las cuentas pertinentes) que entre el 28 y el 496 no hay ningún otro número perfecto. Es decir que el 496 es el tercer número perfecto que aparece. Eso sí: hay que "caminar" bastante, para encontrar el cuarto... El número 8.128 es *perfecto* también. Las comprobaciones no son difíciles de hacer pero hace falta tener paciencia y una calculadora a mano.

$$8.128 = 1 + 2 + 4 + 8 + 16 + 32 + 64 + 127 + 254$$
$$+ 508 + 1.016 + 2.032 + 4.064$$

Hasta acá sabemos, entonces, que los primeros números perfectos son 6, 28, 496 y 8.128.

Otros datos interesantes:

a) un manuscrito del año 1456 (¡!) determinó que el 33.550.336 es el *quinto* número perfecto.
b) Hasta hoy, octubre de 2006, no se conocen números perfectos que sean *impares*.
c) El número perfecto *más grande* que se conoce es: $2^{32582657} \cdot (2^{32582657} - 1)$

Los griegos estuvieron siempre preocupados y dedicados a *descubrir* números perfectos, y también escribieron mucho sobre ellos. En el último volumen del libro *Elementos*, de Euclides (el más leído después de la Biblia), se encuentra la siguiente afirmación:

Si *n* es un número *entero positivo* y $(2^n - 1)$ es primo, entonces el número

$$2^{(n-1)} \cdot (2^n - 1)*$$

es perfecto.

Por ejemplo:

Para $n = 2$, se obtiene:

$$2^{(2-1)} \cdot (2^2 - 1) = 2 \cdot 3 = 6$$

Para n = 3, se obtiene:

$$2^{(3-1)} \cdot (2^3 - 1) = 4 \cdot 7 = 28$$

Para n = 5, se obtiene:

$$2^{(5-1)} \cdot (2^5 - 1) = 496$$

Esto es muy interesante, porque quiere decir que Euclides encontró una manera de *descubrir* los números *perfectos*.

Para $n = 7$, se obtiene:

$$2^{(7-1)} \cdot (2^7 - 1) = 64 \cdot 127 = 8.128$$

Uno siente la tentación de probar ahora con el próximo *primo*, el que le sigue a 7. Es decir, la tentación de intentarlo para $n = 11$:

$$2^{(11-1)} \cdot (2^{11} - 1) = 2.096.128$$

Y este número *no es perfecto*.

* Uno de los matemáticos más grandes de la historia, el suizo Leonhard Euler (1707-1783), demostró que *todos los números perfectos pares* son los de esta forma.

El problema radica en que el número $(2^{11} - 1) = 2.047$ ¡no es primo!

En realidad, $2.047 = 89 . 23$.

Luego, el hecho que $2.096.128$ *no sea perfecto* no vulnera lo que había dicho Euclides. Sin embargo, vale la pena seguir un poco más.

Si uno aplica la fórmula *al siguiente primo*, o sea, *el número 13*, se obtiene:

$$2^{(13-1)} . (2^{13} - 1) = 33.550.336$$

y este número sí es perfecto.

Marin Mersenne es un matemático francés que probó en 1644 que los primeros trece números perfectos son de la forma que acabamos de ver para

$$n = 2, 3, 5, 7, 13, 17, 19, 31, 61, 89, 107, 127 \text{ y } 157$$

En resumen:

a) Los *primeros números perfectos* son:
6, 28, 496, 8.128, 33.550.336, 8.589.869.056, 137.438.691.328, 2.305.843.008.139.952.128
Con la ayuda de computadoras, se encontraron números perfectos para los siguientes *n*: 2, 3, 5, 7, 13, 17, 19, 31, 61, 89, 107, 127, 521, 607, 1.279, 2.203, 2.281, 3.217, 4.253, 4.423, 9.689, 9.941, 11.213, 19.937, 21.701, 23.209, 44.497, 86.243, 110.503, 132.049, 216.091, 756.839, 859.433, 1.257.787 y 1.398.269.

b) Dado cualquier número n, si $(2^n - 1)$ es primo, entonces el número $2^{(n-1)} \cdot (2^n - 1)$ es perfecto.

c) La fórmula anterior provee todos los números perfectos *pares*.

d) Hasta hoy no se conocen números perfectos *impares*. ¿Habrá?

Se han probado con *todos* los números hasta 10^{300}, es decir, un 1 con trescientos ceros después, y no se encontró ningún número perfecto impar. Se duda de que existan, pero aún no hay una demostración.

e) ¿Habrá infinitos números perfectos?

La bibliografía en este tema es amplísima. Este capítulo sólo estuvo dedicado a la presentación en sociedad de los números perfectos. Y para mostrar que la matemática tiene aún muchísimos problemas abiertos. Éste es sólo uno de ellos.

La vida en el infinito.
Serie geométrica y armónica

¿Es posible sumar "infinitos" números positivos y que el resultado sea un número (no infinito)? Naturalmente, la primera reacción es decir: "No. No se puede. Si uno pudiera sumar infinitos números positivos, el resultado crecería constantemente y, por lo tanto, si siguiera sumando números indefinidamente *debería 'llegar' a infinito*".

Por supuesto, hay algunos aspectos de esta frase que son ciertos. Es decir, si uno empieza a sumar números positivos, a medida que agregue más y más, el número obtenido será cada vez más grande. Eso es cierto. Ahora bien, lo que intento poner en duda es: ¿qué quiero decir con "si siguiera sumando números indefinidamente *debería 'llegar' a infinito*"?

Ya hemos visto en *Matemática... ¿Estás ahí?* (p. 89) que la "suma infinita" de las inversas de las potencias de 2 da como resultado el número 2. Esa "suma infinita" es la suma de la serie geométrica, de razón (1/2), por la que se obtiene el número 2. Ahora, ¿qué pasaría si uno hiciera cada una de estas sumas "en forma parcial"?

Supongamos que uno va "sumando *de a poco*". Empieza con un solo término, luego suma dos, luego tres, luego cuatro, luego cinco... etcétera. Obviamente, cada una de estas sumas producirá un número, que llamaré S_n. Es decir, llamaré S_1 cuando sume un solo número; S_2 cuando sume dos; S_3 cuando sume tres, y así sucesivamente hasta *producir* una tabla como la que sigue:

$S_1 = 1$
$S_2 = 1 + 1/2 = 1,5$
$S_3 = 1 + 1/2 + 1/3 = 1,833333...$
$S_4 = 1 + 1/2 + 1/3 + 1/4 = 2,08333333...$
$S_5 = 1 + 1/2 + 1/3 + 1/4 + 1/5 = 2,2833333...$
$S_6 = 1 + 1/2 + 1/3 + 1/4 + 1/5 + 1/6 = 2,45$
$S_7 = 1 + 1/2 + 1/3 + 1/4 + 1/5 + 1/6 + 1/7 = 2,59285714285714...$
$S_8 = 1 + 1/2 + 1/3 + 1/4 + 1/5 + 1/6 + 1/7 + 1/8 = 2,71785714285714...$

Es decir que a medida que vamos agregando más números, los valores de S_n se hacen cada vez más grandes. La pregunta es: estos números S_n ¿crecen indefinidamente? ¿Se hacen tan grandes como uno quiera?

En el ejemplo que presenté en *Matemática... ¿Estás ahí?* vimos que al sumar parcialmente los términos, las sumas eran cada vez mayores, pero *nunca superaban el número 2*. Ahí mostré también otra sucesión (la de la suma de las inversas de las potencias de 2):

$A_0 = 1 = 1 = 2 - 1$

$A_1 = 1 + 1/2 = 3/2 = 2 - 1/2$

$A_2 = 1 + 1/2 + 1/4 = 7/4 = 2 - 1/4$

$A_3 = 1 + 1/2 + 1/4 + 1/8 = 15/8 = 2 - 1/8$

$A_4 = 1 + 1/2 + 1/4 + 1/8 + 1/16 = 31/16 = 2 - 1/16$

$A_5 = 1 + 1/2 + 1/4 + 1/8 + 1/16 + 1/32 = 63/32 = 2 - 1/32$

$A_6 = 1 + 1/2 + 1/4 + 1/8 + 1/16 + 1/32 + 1/64 = 127/64 = 2 - 1/64$

Como puede ver, si bien los elementos de esta sucesión A_n son cada vez más grandes a medida que crece el subíndice n, ninguno de ellos superará la barrera del número 2. Es decir que a medida que el subíndice n es cada vez más grande, el *valor correspondiente de* A_n *es también mayor*. Esto se indica (en la jerga matemática) diciendo que la sucesión A_n es una sucesión *estrictamente creciente*. Concluimos entonces: crece, sí, pero *está acotada por el número 2*.

En el ejemplo que analizamos ahora, las sumas son cada vez mayores también, pero lo que no queda claro es si hay una *barrera o límite* (como antes sucedía con el número 2) que no puedan superar. Hemos construido entonces lo que se llama una *sucesión* (S_n) de números reales, de manera tal que a medida que el subíndice n crece, el valor de S_n también lo hace. La pregunta es si los números S_n crecen indefinidamente.

Pensémoslo de la siguiente manera: si *no* crecieran indefinidamente querría decir que hay alguna *pared* que no podrán superar. No importa cuán grande sea el subíndice n, habría una barrera que no podría atravesar. (Por ejemplo, en el caso de la suma de las inversas de las potencias de 2, vimos que el *núme-ro 2* es una pared que no se puede "atravesar" por más que el subíndice sea tan grande como uno quiera.)

Miremos algunos términos de la sucesión:

$$S_1 = 1$$
$$S_2 = 1 + 1/2$$
$$S_4 = 1 + 1/2 + (1/3 + 1/4)$$

Puse entre paréntesis los últimos dos sumandos a propósito, porque si uno *mira lo que quedó entre paréntesis,* el número:

$$1/3 > 1/4$$

Luego:

$$(1/3 + 1/4) > (1/4 + 1/4) = 2/4 = 1/2 \ ^{(*)}$$

Acabamos de mostrar entonces que

$$S_4 > 1 + 1/2 + 1/2 = 1 + 2 \cdot (1/2) \ ^{(**)}$$

Miremos ahora lo que pasa con S_8:

$$S_8 = 1 + 1/2 + (1/3 + 1/4) + (1/5 + 1/6 + 1/7 + 1/8)$$

A propósito, volví a poner entre paréntesis algunos suman-dos, para que hagamos juntos algunas consideraciones. El primer paréntesis $(1/3 + 1/4)$, ya vimos en (*) que es *mayor* que $(1/2)$. Ahora, miremos el segundo paréntesis:

$$(1/5 + 1/6 + 1/7 + 1/8)$$

Como:

$$1/5 > 1/8$$
$$1/6 > 1/8$$
$$1/7 > 1/8$$

Entonces:

$$(1/5 + 1/6 + 1/7 + 1/8) > (1/8 + 1/8 + 1/8 + 1/8)$$

Es decir:

$$(1/5 + 1/6 + 1/7 + 1/8) > 4 \text{ veces } (1/8)$$
$$= 4 . (1/8) = 1/2$$

Hemos descubierto que el segundo paréntesis es también mayor que (1/2). Y éste es un punto importante, porque con estos datos sabemos ahora que

$$S_8 = 1 + 1/2 + (1/3 + 1/4) + (1/5 + 1/6 + 1/7 + 1/8)$$
$$> 1 + 1/2 + 1/2 + 1/2 = 1 + 3 (1/2) \quad ^{(***)}$$

De la misma forma, ahora miremos el término S_{16}

$$S_{16} = 1 + 1/2 + (1/3 + 1/4) + (1/5 + 1/6 + 1/7 + 1/8) +$$
$$(1/9 + 1/10 + 1/11 + 1/12 + 1/13 + 1/14 + 1/15 + 1/16) \quad ^{(****)}$$

Una vez más –como hice más arriba– agrupé entre paréntesis algunos términos. En este caso, la diferencia con S_8 es que ahora se agregaron los últimos *ocho sumandos que figuran dentro del tercer paréntesis*. Lo interesante aquí es notar que:

$(1/9 + 1/10 + 1/11 + 1/12 + 1/13 + 1/14 + 1/15 + 1/16) >$
$(1/16 + 1/16 + 1/16 + 1/16 + 1/16 + 1/16 + 1/16 + 1/16) =$
$= (8 \text{ veces el número } 1/16) = 8 \cdot (1/16) = 1/2$

Es decir, "mirando" el renglón (****) podemos concluir que

$S_{16} = 1 + 1/2 + (1/3 + 1/4) + (1/5 + 1/6 + 1/7 + 1/8) +$
$(1/9 + 1/10 + 1/11 + 1/12 + 1/13 + 1/14 + 1/15 + 1/16) >$
$1 + 1/2 + 1/2 + 1/2 + 1/2 = 1 + 4 \cdot (1/2)$

Resumo lo que hemos visto hasta aquí, y lo invito a pensar conmigo qué conclusiones podríamos sacar:

$$S_1 = 1$$
$$S_2 = 1 + 1/2$$
$$S_4 > 1 + 2 \cdot (1/2)$$
$$S_8 > 1 + 3 \cdot (1/2)$$
$$S_{16} > 1 + 4 \cdot (1/2)$$

Si uno siguiera con este procedimiento, descubriría, por ejemplo, que

$$S_{32} > 1 + 5 \cdot (1/2)$$
$$S_{64} > 1 + 6 \cdot (1/2)$$
$$S_{128} > 1 + 7 \cdot (1/2)$$

Quiere decir: a medida que crece el subíndice n en S_n, la sucesión S_n es cada vez más grande que la sucesión $(1 + n \cdot (1/2))$. En realidad, la desigualdad que uno debe escribir es:

$$S_{(2^n)} > (1 + n \cdot (1/2)) \qquad (1)$$

Luego, como la sucesión en el término de la derecha de (1) *tiende a infinito*, es decir, se hace arbitrariamente grande, y la sucesión S_n es más grande aún, entonces se concluye que la sucesión S_n *también tiende a infinito*. En otras palabras, si una sucesión de números es mayor, término a término, que otra, y ésta *tiende a infinito*, entonces la primera, con más razón, tiende a infinito.

En conclusión, si uno *pudiera sumar indefinidamente*

$$1 + 1/2 + 1/3 + 1/4 + 1/5 + 1/6 + \ldots + 1/n + 1/(n+1) + \ldots$$

esta suma *tenderá a infinito* o, lo que es lo mismo, *superará cualquier barrera que le pongamos*.

A la serie S_n se la conoce con el nombre de *serie armónica*.

NOTAS ADICIONALES:

a) Si bien la serie armónica *diverge* (o sea, tiende a infinito), hay que sumar 83 términos para que supere la barrera del 5. Dicho de otra manera, recién:

$$S_{83} > 5$$

b) Además, hay que sumar 227 términos para superar el número 6.

c) Recién el término:

$$S_{12367} > 10$$

d) Y hay que sumar 250 millones de términos para superar el número 20.

e) En 1689 apareció en el "Tratado en series infinitas", de Jakob Bernoulli, la primera demostración de que la serie armónica era divergente. Este texto fue reimpreso en 1713. Hay una réplica del original en la biblioteca de la Universidad del estado de Ohio (Estados Unidos). Si bien Jakob escribió que la prueba se la debía a su hermano Johann Bernoulli, en realidad la primera demostración apareció publicada alrededor de 1350, cuando la matemática Nicole Oresme (1323-1382), en un libro titulado *Cuestiones sobre la geometría de Euclides*, escribió la demostración más clásica de este hecho, que es la que se usa hoy. La otra demostración se debe al matemático italiano Pietro Mengoli (1625-1686), quien en 1647 se adelantó a la demostración de Bernoulli unos cuarenta años.

Primos en progresión aritmética

Supongamos que escribo esta sucesión de números (al menos, los primeros términos):

{1, 2, 3, 4, 5, ..., 10, 11, 12, ... }
{1, 3, 5, 7, 9, 11, ..., 23, 25, 27, 29, ...}
{2, 4, 6, 8, 10, 12, ..., 124, 126, 128, ...}
{7, 10, 13, 16, 19, 22, ..., 43, 46, 49, ...}
{7, 17, 27, 37, 47, ..., 107, 117, 127, ...}
{5, 16, 27, 38, 49, ..., 126, 137, 148, 159, ...}

Le propongo que descubra cómo seguir en cada caso. Hágalo sola/o porque es mucho más entretenido que leer la solución.

De todas formas, la primera sucesión es trivial, porque es la sucesión de *todos* los números naturales. Cada término se obtiene del anterior *sumando 1*.

{1, 2, 3, 4, 5, ..., 10, 11, 12, ... }

La segunda son los impares, y cada término se obtiene *sumando 2* al anterior. Claro: uno empieza con el número 1, pero esto no es necesario. Podríamos haber comenzado en cualquier número.

{1, 3, 5, 7, 9, 11, ..., 23, 25, 27, 29, ...}

De hecho, la tercera sucesión:

{2, 4, 6, 8, 10, 12, ..., 124, 126, 128, ...}

cumple con la misma regla: cada término se obtiene del anterior, *sumando 2*.

En la siguiente sucesión:

{7, 10, 13, 16, 19, 22, ..., 43, 46, 49, ...}

cada término se obtiene del anterior *sumando 3*. Importa también decir en qué número uno empieza: en este caso, en el 7.

La que aparece después:

{7, 17, 27, 37, 47, ..., 107, 117, 127, ...}

tiene la particularidad de que cada término se obtiene del anterior *sumando 10*, y también, como en la anterior, el primer término es 7.

En la última sucesión:

{5, 16, 27, 38, 49, ..., 126, 137, 148, 159, ...}

cada término se obtiene del anterior *sumando 11*, y el primer término es 5.

Todas estas sucesiones tienen muchas cosas en común, pero la más importante, la que las *define*, es que, sabiendo cuál es el primer término y cuál es el número que hay que sumarle (llamado la *razón*), el resto es fácil de deducir.

Estas sucesiones se dice que cumplen *una progresión aritmética*.

{1, 2, 3, 4, 5, ..., 10, 11, 12, ... }: el primer término es 1 y la razón es 1.

{1, 3, 5, 7, 9, 11, ..., 23, 25, 27, 29, ...}: el primer término es 1 y la razón es 2.

{2, 4, 6, 8, 10, 12, ..., 124, 126, 128, ...}: el primer término es 2 y la razón es 2.

{7, 10, 13, 16, 19, 22, ..., 43, 46, 49, ...}: el primer término es 7 y la razón es 3.

{7, 17, 27, 37, 47, ..., 107, 117, 127, ...}: el primer término es 7 y la razón es 10.

{5, 16, 27, 38, 49, ..., 126, 137, 148, 159, ...}: el primer término es 5 y la razón es 11.

Obviamente, usted puede agregar los ejemplos que quiera, pero creo que los que di son suficientes. Dicho esto, le voy a plantear un problema que tuvo (y aún tiene) a los especialistas en Teoría de Números ocupados durante muchísimos años.

Mire este ejemplo:

{5, 17, 29, 41, 53}

Esta sucesión,[8] a diferencia de las anteriores, *termina*. Tiene sólo *cinco términos*. Sin embargo, podemos decir que el primero es 5 y que la razón es 12. Termina ahí porque otra particularidad que tiene es que ¡son todos primos! El próximo número que deberíamos poner es... 65, pero el problema es que 65 *no es primo* (65 = 13 . 5). Luego, si queremos pedir que la sucesión esté compuesta sólo por números primos, *tiene* que parar ahí, porque el número que debería seguir ya no es primo.

Busquemos otra:

{199, 409, 619, 829, 1.039, 1.249, 1.459, 1.669, 1.879, 2.089}

Ésta es una sucesión que tiene como primer término a 199, y como razón 210. Como antes, todos los números que figuran en esta sucesión son primos. Está compuesta por sólo *diez términos*, porque el siguiente, 2.299, ¡no es primo! (2.299 = 209 . 11).

Como podrá advertir, entonces, uno está a la búsqueda de sucesiones en *progresión aritmética* de manera tal que todos los términos sean números primos.

---

[8] En realidad, estoy haciendo abuso de la palabra *sucesión* porque al principio de esta sección las sucesiones "no terminaban" y ahora sí. Pero creo que la idea general se entiende. Los números {5, 17, 29, 41, 53} conforman el *principio* de una sucesión, que tiene (obviamente) *muchas* maneras de continuar. Por ejemplo, podría seguir así: {5, 17, 29, 41, 53, 65, 77, 89, 101, 113, 125, ...}, donde cada término resulta de sumar 12 al anterior, y uno empieza con el 5. Dicho de otra manera, es la sucesión que empieza en 5 y que tiene razón 12.

Pero también, podríamos continuarla así: {5, 17, 29, 41, 53, 5, 17, 29, 41, 53, 5, 17, 29, 41, 53, 5, 17, ...}. Es decir, podría ser la sucesión que repite constantemente sus *cinco primeros términos*. De hecho, no hay una *única manera* de continuar una sucesión cuando se conocen sólo algunos términos: hay infinitas. Por eso, me imagino que usted podría agregar muchísimas más.

Como vimos más arriba, hay una sucesión de *cinco* primos en progresión aritmética, y otra sucesión de *diez* primos también en progresión aritmética.

Hasta hoy (noviembre de 2006), la sucesión más larga de primos en progresión aritmética que se conoce es de veintidós (22) términos. En realidad, se encontraron *dos de estas sucesiones*. La primera, es la que empieza en el número:

$$11.410.337.850.553$$

Es decir que este último es el primer término, y la *razón es:*

$$4.609.098.694.200$$

La otra, tiene como primer término a

$$376.859.931.192.959$$

Y la razón es:

$$18.549.279.769.020$$

La pregunta que tuvo ocupados a los especialistas en el tema durante muchos años fue si existen sucesiones de primos en progresión aritmética de cualquier longitud. Hasta 2004 la pregunta no tenía respuesta, y debería decir que aún hoy no la tiene, pero señalo la particularidad de que en el trabajo conjunto publicado en 2004, Green y Tao usaron un resultado que todavía no tiene la certificación de los árbitros que lo evalúan, y que permitiría probar que *sí* existen progresiones aritméticas de primos de cualquier longitud. Sin embargo, hasta ahora, las de mayor "largo" que se conocen son las dos que escribí más arriba, de veintidós (22) términos cada una.

Luces encendidas, luces apagadas y modelos

¿Qué quiere decir *modelar*? Sí, ya sé: hacer un modelo. Pero, ¿cómo se puede aplicar la matemática para resolver un problema práctico? Es decir: uno tiene un problema cualquiera, se sienta a pensarlo y no se le ocurre cómo atacarlo. Algunas veces uno es capaz de convertirlo en algo que sea más sencillo, que sirva para transformarlo en algo con lo que se sienta más cómodo para trabajar; quizás en eso resida la vuelta para dar con la solución.

Supongamos que uno tiene un tablero con cierta cantidad de lámparas. Cada lámpara tiene una ubicación *numerada* en el tablero. Además, cada lámpara puede estar encendida o apagada. La pregunta es: ¿de cuántas maneras diferentes pueden estar encendidas o apagadas las luces? Es decir, ¿cuántas configuraciones distintas puede tener el tablero?

Si el tablero consistiera de una sola lámpara, entonces, hay dos configuraciones posibles: o bien la luz está encendida, o está apagada. Y aquí empieza la *modelación*, es decir, quiero empezar a construir un *modelo*, algo que nos ayude a pensar el problema más fácilmente.

Marquemos con un 0 si la única luz está apagada y con un 1 si está encendida:

Apagada   0
Encendida   1

Si uno tiene dos luces en el tablero, numeradas, entonces, ¿cuántas configuraciones posibles hay?

Apagada-Apagada	o sea, 00
Apagada-Encendida	o sea, 01
Encendida-Apagada	o sea, 10
Encendida-Encendida	o sea, 11

Luego, se tienen *cuatro* posibles configuraciones:

$$00, 01, 10 \text{ y } 11$$

Si ahora tuviéramos *tres luces numeradas* en el tablero, tendríamos:

$$000, 001, 010, 011, 100, 101, 110 \text{ y } 111 \text{ (*)}$$

donde cada número 0 indica que la luz correspondiente está apagada y cada número 1, que está encendida.

Por lo tanto, se tienen *ocho configuraciones posibles*.

En resumen:

1 luz	$2 = 2^1$ configuraciones
2 luces	$4 = 2^2$ configuraciones
3 luces	$8 = 2^3$ configuraciones

Antes de avanzar, lo invito a pensar qué pasa cuando uno tiene *cuatro* lámparas numeradas en el tablero. En lugar de *escribir* la solución, lo que pretendo es pensar una manera de avanzar que nos sirva para *todos* los posibles casos que vengan después. Es decir, poder *contar* cuántas configuraciones posibles se pueden tener, *sin* tener que *listarlas* todas.

Si tuviéramos cuatro lámparas, supongamos que la cuarta está apagada, es decir que tiene un 0 en el último lugar; entonces, ¿qué puede pasar con las configuraciones para las tres primeras? Esa respuesta ya la tenemos, porque son las que figuran en (*). Es decir, que todo lo que habría que hacer sería agregarles un cero al final a las que allí figuran para tener todas las configuraciones para cuatro lámparas, *con la última apagada*.

Se tiene, entonces:

000**0**, 001**0**, 010**0**, 011**0**, 100**0**, 101**0**, 110**0** y 111**0** (**)

Por otro lado, como ya se habrá imaginado, van a aparecer otras ocho configuraciones, que se obtienen de las que había en (*), pero ahora con la última luz encendida. Es decir que terminan en un 1.

Se tiene, entonces:

000**1**, 001**1**, 010**1**, 011**1**, 100**1**, 101**1**, 110**1**, 111**1** (***)

A propósito, resalté el número **0** y el número **1** para que se aprecie que las primeras configuraciones de las tres lámparas corresponden a las que teníamos en (*), pero, mientras que las primeras *ocho* corresponden a las que terminan en 0, las segundas ocho corresponden a las que terminan en 1.

¿Cuál es la moraleja de todo esto? Que cuando uno tenía tres lámparas, había $2^3 = 8$ configuraciones, y ni bien agregamos *una lámpara más*, hubo que multiplicar por **2** lo que había antes (porque corresponde a agregar un **0** o un **1** al final). Es decir que cuando se tienen cuatro lámparas, el número de configuraciones posibles va a ser el doble de las que había con tres lámparas (como este número era $2^3 = 8$, ahora hay *dos veces esas posibles configuraciones,* o sea: $2^3 + 2^3 = 2 \cdot 2^3 = 2^4 = 16$).

Creo que ahora se entenderá por qué, si uno tiene un tablero con *cinco lámparas,* tendrá:

$$2 \cdot 2^4 = 2^5 = 32$$

configuraciones, y así sucesivamente. De modo que, si uno tiene *n* lámparas, el número de configuraciones es 2^n.

Por otro lado, la modelización en ceros y unos nos permite pensar en tiras con estos números, en lugar de tener un tablero con lámparas.

UNA APLICACIÓN MUY INTERESANTE (Y MUY ÚTIL)

Para avanzar con el tema de la modelización, voy a mostrar otra manera de usar el problema anterior (de las tiras de ceros y unos).

Supongamos que ahora uno tiene una bolsa con cuatro objetos: un reloj, una calculadora, un libro y una lapicera. ¿De cuántas maneras se pueden seleccionar regalos para hacer? O sea, regalos que consistan en *un solo objeto,* en *dos* objetos, en *tres* objetos o los *cuatro objetos* al mismo tiempo. Si usáramos el modelo que teníamos arriba, con las tiras de *unos* y *ceros,* podríamos darle a cada objeto un número. Digamos:

1 = Reloj
2 = Calculadora
3 = Libro
4 = Lapicera

y pensamos ahora que debajo de cada uno de estos objetos, hay un casillero, en principio, vacío.

1   2   3   4

Si figura un número *uno* en el casillero, eso quiere decir que hemos elegido ese regalo. En cambio, si figura un número cero entonces eso significa que ese regalo no lo hemos elegido.

Por ejemplo, si uno tiene la tira

1010

esto significa, que ha elegido un regalo con dos objetos: el número 1 y el número 3. O sea, el reloj y el libro

La tira

1111

implica que uno ha elegido los cuatro objetos

La tira

0001

indica que uno ha elegido sólo la lapicera. De esta forma, cada tira de éstas, que involucra solamente ceros y unos, representa una manera de elegir los objetos. Usando lo que vimos más arriba con las luces del tablero (encendidas o apagadas), todo lo que tenemos que hacer es *recordar* cuántas de estas tiras hay.

Y ya sabemos que hay $2^4 = 16$.

Claro, habría que excluir la tira "0000" porque esta implicaría *no hacer ninguna elección*.

Pero lo interesante entonces, es que con esta manera de *modelar,* hemos aprendido a *contar* todas las posibles configuraciones para elegir regalos entre cuatro objetos sin tener que hacer una lista de todos los casos. O lo que es lo mismo, cuántos posibles subconjuntos se pueden formar con cuatro elementos.

Esto que acabamos de hacer con cuatro objetos se puede generalizar, obviamente. En ese caso, si uno tuviera diez objetos y quiere saber cuántos posibles subconjuntos se pueden formar, el resultado será $2^{10} = 1.024$ (si uno incluye como subconjunto al vacío, o sea, no elegir ninguno). Si no, el resultado es $2^{10} - 1 = 1.023$.

En general, si uno tiene un conjunto con n elementos, y quiere saber cuántos subconjuntos se pueden formar con él, la respuesta es:

$$2^n \text{ subconjuntos,}$$

si uno incluye al subconjunto que es vacío. Si no, la respuesta es:

$$2^n - 1$$

Lo que más importa de este capítulo, es que hemos aprendido a *modelar*, al menos en este caso particular, y además, hemos aprendido a contar subconjuntos de un conjunto finito.

¿Cómo cuenta una computadora? (Números binarios)

> Hay diez tipos de personas en el mundo:
> aquellos que entienden el sistema binario,
> y aquellos que no.
> ANÓNIMO

Si una computadora pudiera hablar y uno le pidiera que *contara*, contestaría lo siguiente (lea la lista que sigue y trate de descubrir el *patrón*):

```
        0
        1
       10
       11
      100
      101
      110
      111
     1000
     1001
     1010
     1011
     1100
     1101
     1110
     1111                    (*)
    10000
    10001
    10010
    10011
    10100
    10101
    10110
    10111
    11000
    11001
    11010
    11011
    11100
    11101
    11110
    11111
   100000 ...
```

La primera observación es que los *únicos* dígitos que la computadora usó son el 0 y el 1. ¿Qué más? Usó el 0 y el 1, pero para poder escribir todos los números tiene que ir incrementando la cantidad de veces que los usa. Tiene que usar cada vez números de *más cifras*. Es decir, los primeros dos números que aparecen en la lista son el 0 y el 1, que se corresponden justamente con el 0 y el 1 que usamos nosotros (en la notación que se llama *decimal*, la que utilizamos todos los días*)*. Pero ni bien la computadora quiere llegar al número 2 –y como sólo puede usar ceros y unos–, necesita dos lugares o dos posiciones o números de dos cifras. Por eso, usa

10 y 11

Éstos corresponden, entonces, al número 2 y al número 3 que nosotros usamos en la notación *decimal*. Ahora se le acabaron las posibilidades con los dos dígitos que puede usar (0 y 1) y las dos cifras, de modo que para poder continuar necesita un tercer lugar, o lo que es equivalente a un número de tres cifras. Por eso, empieza con el 100:

100, 101, 110, 111

Y esto le sirve para el 4, 5, 6 y 7.

Y otra vez se le agotaron las posibilidades. Si quiere llegar hasta el *8*, necesita ampliar las cifras. O sea, necesita usar cuatro lugares. Y por eso recurre al

1000, 1001, 1010, 1011, 1100, 1101, 1110, 1111

Con éstos cubrió el:

8, 9, 10, 11, 12, 13, 14 y 15

¿Se entiende?

Hago un paso más: para alcanzar el 16 necesitará de números de cinco cifras. Por eso, si uno revisa la lista (*), advierte que seguirán:

10000, 10001, 10010, 10011, 10100, 10101, 10110, 10111,
11000, 11001, 11010, 11011, 11100, 11101, 11110 y 11111

¿Qué otros patrones podemos encontrar? Revisemos.

El 0 y el 1 *se representan a sí mismos*, entonces, no hay nada que pensar ahí. Sin embargo, voy escribir un par de cosas más:

a) $10 = 2$

b) $100 = 4$

c) $1000 = 8$

d) $10000 = 16$

Si usted sigue con este proceso, descubre que

e) $100000 = 32$

f) $1000000 = 64$

Es decir que estamos en condiciones de conjeturar que un *uno* seguido de *ceros*, resulta ser *siempre una potencia de 2*.

$$1 = 2^0$$
$$10 = 2^1$$
$$100 = 2^2$$
$$1000 = 2^3$$
$$10000 = 2^4$$

$$100000 = 2^5$$
$$1000000 = 2^6$$
$$10000000 = 2^7$$

y así podríamos seguir.

En general, se dice que la numeración utilizada en la lista (*) es la escritura *en números binarios*. Y se llaman así porque sólo aparecen involucrados dos dígitos: el 0 y el 1.

Ahora bien: si pongo un número cualquiera usando nada más que ceros y unos, ¿cómo se hace para saber a qué número en la numeración decimal corresponde?

Aquí me quiero detener en una observación. Cuando uno escribe –en la numeración decimal– el número

378

está diciendo –en forma abreviada– que hay que sumar

300 + 70 + 8

De la misma forma, cuando uno escribe

34695

es como decir que uno ha sumado

30000 + 4000 + 600 + 90 + 5

Con esta idea en la cabeza, cuando uno escribe un número utilizando la notación binaria, digamos el número

11010

está indicando que uno suma

$$10000 + 1000 + 10$$

y de acuerdo con lo que vimos recién, esto implica sumar algunas de las potencias de 2. En este caso:

$$10000 = 2^4 = 16$$
$$+ \quad 1000 = 2^3 = 8$$
$$+ \quad 10 = 2^1 = 2$$

O sea, el número 11010 = 26 (= 16 + 8 + 2)

Otro ejemplo: el número 1010101 resulta de haber escrito en notación *binaria* el número

$$1000000 + 10000 + 100 + 1 =$$
$$(2^6 + 2^4 + 2^2 + 2^0) = 64 + 16 + 4 + 1 = 85$$

Creo que ahora, después de estos ejemplos, está en condiciones de, dado un número en notación binaria, poder determinar qué número en notación decimal representa.

Sólo con el afán de ayudarlo para que esté seguro de lo que está haciendo, agrego algunos ejemplos cuyas soluciones están más abajo.

Determine qué números en notación decimal están representados por los que siguen en notación *binaria*:

a) 11111
b) 10111
c) 100100

d) 101001

e) 100101001

f) 11111111110

Otra pregunta posible es si dado un número cualquiera, siempre se puede escribir en binario. Y si la respuesta es afirmativa, ¿cómo se hace? Es decir, lo mínimo que tendríamos que saber es cómo hacer para escribir cualquier número usando el sistema binario. Lo voy a hacer con algunos ejemplos, y estoy seguro de que después usted podrá deducir la forma *general* de hacerlo. Al menos, si yo estuviera en su lugar, lo *intentaría*. De hecho, antes de seguir leyendo, sería muy útil y mucho más interesante que trate de *descubrir* lo que hay que hacer por sus propios medios.

EJEMPLO 1

Tomemos el número 13. ¿Cómo hacer para *descubrir* su "escritura" en números binarios?

Una posible manera es empezar a dividirlo por 2 y anotar los restos de cada división. Al dividir 13 por el número 2, se obtiene un *6*, y sobra *1*.

Es decir:

$$13 = 6 \cdot 2 + 1 \quad (**)$$

Ahora, seguimos dividiendo el número que obtuvimos como *cociente*. O sea, el número 6. Al dividirlo por 2, se obtiene 3 y no sobra *nada*. O lo que es lo mismo, sobra *0*.

Es decir:

$$6 = \mathbf{3} \cdot 2 + \boxed{\mathbf{0}} \ (***)$$

Ahora, dividimos otra vez *por 2* al *cociente* que obtuvimos, o sea, el número 3, y se tiene:

$$3 = \mathbf{1} \cdot 2 + \boxed{\mathbf{1}} \ (****)$$

Por último, dividimos otra vez *por 2* al *cociente* que obtuvimos, que es el número 1. Y se tiene:

$$1 = \mathbf{0} \cdot 2 + \boxed{\mathbf{1}} \ (*****)$$

Luego, desandando el camino, y recorriendo para atrás los *restos* que obtuvimos (los números que aparecen *recuadrados*), se tiene:

$$1101$$

Es decir: fui para atrás, marcando cada uno de los restos obtenidos, empezando del último hasta terminar en el primero. Así queda escrito un número en notación *binaria*.

Lo invito a comprobar que justamente ese número, el 1101, es el 13 que buscábamos.

Ejemplo 2

¿Cómo escribir en notación *binaria* el número 513?

Una vez más, empiece a dividir por 2, anote los cocientes por un lado y los restos por otro. A los cocientes obtenidos los sigue dividiendo por 2, y vamos a utilizar los restos cuando recorramos para arriba la lista y descubramos el número que buscamos.

Las cuentas, entonces, son las siguientes:

$$513 = \textbf{256} \cdot 2 + \boxed{1}$$
$$256 = \textbf{128} \cdot 2 + 0$$
$$128 = \textbf{64} \cdot 2 + 0$$
$$64 = \textbf{32} \cdot 2 + 0$$
$$32 = \textbf{16} \cdot 2 + 0$$
$$16 = \textbf{8} \cdot 2 + 0$$
$$8 = \textbf{4} \cdot 2 + 0$$
$$4 = \textbf{2} \cdot 2 + 0$$
$$2 = \textbf{1} \cdot 2 + 0$$
$$1 = \textbf{0} \cdot 2 + \boxed{1}$$

Luego, el número que buscamos (la escritura binaria de 513) se obtiene recorriendo hacia arriba los restos que encontramos:

1000000001

EJEMPLO 3

Encontremos la escritura en números *binarios* del número 173. (Elijo números relativamente chicos, para que las cuentas no sean tan largas.)

$$173 = \textbf{86} \cdot 2 + \boxed{1}$$
$$86 = \textbf{43} \cdot 2 + 0$$
$$43 = \textbf{21} \cdot 2 + 1$$
$$21 = \textbf{10} \cdot 2 + 1$$
$$10 = \textbf{5} \cdot 2 + 0$$
$$5 = \textbf{2} \cdot 2 + 1$$
$$2 = \textbf{1} \cdot 2 + 0$$
$$1 = \textbf{0} \cdot 2 + \boxed{1}$$

Una vez más, para encontrar lo que buscamos, recorremos los restos *de abajo hacia arriba* y construimos el siguiente número binario:

10101101

Ahora creo que está en condiciones de encontrar la escritura binaria de cualquier número. No sólo eso: está en condiciones de afirmar que *siempre* la va a encontrar usando este método. Por lo tanto, estamos en condiciones de decir que *todo* número escrito en forma decimal, admite una *única* escritura en notación binaria. Y viceversa: cualquier número escrito en notación binaria admite una única escritura en notación decimal. Esto permite concluir, entonces, que las computadoras pueden sentirse libres de usar los números binarios tanto como quieran. No encontrarán ninguna dificultad, salvo la longitud o, si ustedes prefieren, la tira de combinaciones de ceros y unos que hacen falta para escribir un número relativamente pequeño.

Una pregunta que uno debería hacerse a esta altura es por qué las computadoras están *restringidas* a usar sólo *ceros* y *unos*.

Las computadoras funcionan como si uno estuviera ante una *barrera* que sube o baja para dejar pasar un auto. Depende de si el tren está por venir o no. Si la barrera está baja, uno no puede pasar. Si está levantada, entonces sí. Esto corresponde a impulsos eléctricos. O bien la barrera está *baja*, en cuyo caso lo representamos con un *cero* (porque no se puede pasar), o bien la barrera está *levantada*, en cuyo caso lo representamos con un *uno*. Luego, como los circuitos de los que están armadas las computadoras o bien dejan pasar la electricidad o *no* la dejan pasar, eso se indica (a trazos gruesos, por supuesto) con combinaciones de *unos* y *ceros*.

SOLUCIÓN:

Las respuestas son:

a) 31
b) 23
c) 36
d) 41
e) 297
f) 2.046

Probabilidades, estimaciones, combinaciones y contradicciones

> ... la lógica irreprochable de un niño que se negaba a aprender la letra "a" porque sabía que después vendrían la "b", la "c", la "z" y "toda la gramática y la literatura francesa".
> SIMONE DE BEAUVOIR

La prueba que no se puede tomar

Pensemos juntos esta situación. Un profesor de colegio secundario (pobres... ellos reciben todos los "palos"...) anuncia a los estudiantes que tomará una prueba "sorpresa" la semana siguiente. Los alumnos cursan un ciclo de doble escolaridad, es decir que concurren a clases a la mañana y a la tarde.

El profesor les dice que la prueba la podrá tomar cualquier día, exactamente a la una de la tarde. Eso sí: ellos se enterarían el mismo día de la prueba, a las ocho de la mañana, ni antes ni después. Y las reglas serán estrictas, en el sentido de que él garantizaba su cumplimiento.

El viernes previo a la semana en cuestión, el profesor anuncia que la prueba se tomará sí o sí. Veamos ahora el siguiente razonamiento que hicieron los alumnos.

Uno dijo:

–El viernes no la puede tomar.

–¿Por qué? –preguntó otro.

–¡Fácil! –retomó el primero en hablar–. Si llegamos hasta el día jueves y no la tomó, eso quiere decir que nosotros sabríamos el *mismo jueves* que la prueba será al día siguiente, ya que no le queda otra. Pero en ese caso, el profesor violaría su propia regla, ya que dijo que nos enteraríamos el mismo día de la prueba a las ocho de la mañana. Si no la tomó hasta el jueves, ese día nosotros sabríamos que será el viernes. Y eso no puede pasar –terminó contundente.

–No, pero esperá –saltó otro–. Entonces, el jueves *tampoco* la puede tomar –dijo entusiasmado y entusiasmando a los otros–. Fíjense por qué: como nosotros ya sabríamos que el viernes no la puede tomar (si no la tomó el jueves), entonces, si no la toma el miércoles, sabríamos ese día (el miércoles) que el jueves tiene que tomar la prueba. Pero eso volvería a violar sus propias reglas. Es decir, nosotros sabríamos el miércoles a la mañana, que si la prueba no la tomó ese día, la tendría que tomar el jueves porque el viernes no puede. Y es un lío para él, porque se dan cuenta que, así siguiendo, podemos demostrar ahora que el miércoles no la puede tomar tampoco, ya que si el martes no la tomó, como no puede hacernos rendir ni el jueves ni el viernes, tendría que ser el miércoles.

El proceso puede continuar hacia atrás, de manera tal de llegar a concluir que la prueba no se puede tomar nunca. O mejor dicho, ¡no se puede tomar ningún día de esa semana! Al menos, no se puede tomar en las condiciones que propuso el docente.

La historia termina acá. La paradoja continúa abierta. Existe mucha discusión sobre ella y hay estudios en varios sentidos, sin que exista un consenso mayoritario sobre cuál es en realidad el problema principal.

Ciertamente, los profesores toman pruebas "sorpresa", de manera que hay algo que no funciona. Esas reglas que puso el docente son *incumplibles*. O bien el profesor tiene que revisarlas y admitir que los alumnos puedan enterarse el día anterior que la prueba será tomada, o bien el carácter *sorpresivo* será un poco más discutible.

Probabilidad de ganar el campeonato mundial para un equipo considerado favorito

Este ejemplo de la utilización de la matemática para estimar las posibilidades que tiene un equipo de fútbol –considerado *favorito*– de ganar un mundial lo contó Alicia Dickenstein en ocasión del primer festival "Buenos Aires Piensa", en una charla que dio en el Teatro San Martín de la Ciudad de Buenos Aires. Por supuesto, le pedí permiso para publicarlo y acá está. Pero ella me advirtió que el ejemplo se lo había sugerido Roberto Miatello, un excelente matemático argentino, profesor en la Facultad de Matemática, Astronomía y Física (FaMAF) de la Universidad Nacional de Córdoba.

Lo atractivo del ejemplo es que no se pretende calcular la probabilidad de que un equipo cualquiera gane, sino la probabilidad de que gane un equipo que sea considerado *el favorito para hacerlo,* como si fuera Brasil o la Argentina, por poner un par de ejemplos.

Supongamos que uno de esos equipos llegó a los octavos de final del torneo. Es decir, quedan 16 equipos que juegan entre sí por el sistema de eliminación simple (o sea, el que pierde queda eliminado, y el ganador sigue en la competencia). Como se advierte, entonces, para que ese equipo salga campeón tiene que ganar cuatro partidos seguidos: octavos de final, cuartos de final, semifinal y la final.

Supongamos, por simplicidad, que este favorito tiene el 66 por ciento de posibilidades de ganar partidos *contra cualquier equipo que juegue,* independientemente de otros factores, como la moral del grupo, los resultados anteriores en el campeonato, etcétera. Es decir, los expertos le adjudican una posibilidad de ganar *dos de cada tres partidos que juegue contra cualquier otro equipo*. Puesto en otros términos, es equivalente a decir que la *probabilidad* de que le gane a cualquier equipo es de 2/3.

Computemos ahora, sabiendo estos datos, cuál es la probabilidad de que gane los cuatro partidos seguidos y se corone campeón. Para calcular esta probabilidad, se multiplica el número 2/3 en cada paso. Es decir:

a) La probabilidad de que gane el primer partido ya sabemos que es:

$$2/3$$

b) La probabilidad de que gane los *dos* primeros es:

$$(2/3) \cdot (2/3) = (2/3)^2 = 4/9 \; (*)$$

c) La probabilidad de que gane *tres partidos seguidos* es:

$$(2/3) \cdot (2/3) \cdot (2/3) = (2/3)^3 = 8/27$$

Y finalmente:

d) La probabilidad de que gane los *cuatro partidos consecutivos y se corone campeón* es :

$$(2/3) \cdot (2/3) \cdot (2/3) \cdot (2/3) = (2/3)^4 = 16/81 = 0{,}1975 < 0{,}20$$

Quiere decir que las posibilidades de que un equipo de estas características se corone campeón son *menores al 20 por ciento*.

Eso es lo curioso, y merece una interpretación.

El hecho de que un equipo sea doblemente mejor que cualquier otro es obviamente preferible. Eso no se discute. Pero todo lo que se puede decir, cuando faltan cuatro partidos, es que tiene menos del 20 por ciento de posibilidades de conseguirlo. ¿No es sorprendente?

Un paso más. En este ejemplo, usé el número 2/3 para mostrar cómo disminuye la probabilidad a medida que uno avanza en el torneo, aunque un equipo sea muy bueno. Con todo, el número 2/3 se puede reemplazar por cualquier otro que uno crea que se ajuste mejor, y seguir con el mismo cálculo.

De hecho, si la probabilidad de un equipo favorito fuera 3/4 (un altísimo 75 por ciento) de ganar cualquier partido, entonces su probabilidad para salir campeón se calcula:

$$(3/4)^4 = 81/256 = 0,3164...$$

O sea, apenas *ligeramente mayor que el 30 por ciento*.

Herencia con infinitas monedas

Desafiar la intuición, ése tendría que ser el título de este capítulo. Todos tenemos ciertas ideas sobre las cosas: opiniones, juicios formados. Eso, en principio, tranquiliza, porque nos evita la ansiedad de enfrentar lo desconocido. Por supuesto, uno querría *extrapolar* los conocimientos que tiene –muchos o pocos– y utilizarlos en todas las situaciones en las que podamos encontrarnos. Pero es algo claramente imposible. Sin embargo, hay ciertos momentos en los que tenemos confianza en que lo que intuimos está bien. A veces funciona. Otras veces, no.

Le propongo pensar el siguiente ejemplo (ficticio, claro), que involucra conjuntos *infinitos*.[9] Aquí va: un señor tenía dos hijos.

---

[9] Este problema me lo contó Cristian Czubara, ex alumno mío en 1996, hoy uno de mis grandes amigos y además docente de la Facultad de Ciencias Exac-

Era una persona muy rica... tan rica, que su capital era *infinito*. Como sabía que estaba por morirse, convoca a sus hijos y antes de retirarse de este mundo les dice: "Yo los quiero a los dos por igual. No tengo otros herederos más que ustedes, de modo que les voy a dejar mi herencia en monedas de un peso". (Es decir que les dejaba *infinitas* monedas de un peso.) "Eso sí, quiero que hagan una *repartición justa* de la herencia. Aspiro a que ninguno de los dos trate de sacar ventaja sobre el otro". Y murió.

Llamemos a los hijos A y B para fijar las ideas. Los dos, después de pasar por un lógico período de duelo, deciden sentarse a pensar en *cómo* repartir la herencia respetando el pedido del padre. Luego de un rato, A dice tener una idea y se la propone a B.

–Hagamos una cosa –dice A–. Numeremos las monedas. Pongámosle 1, 2, 3, 4, 5... etcétera. Una vez hecho esto, te propongo el siguiente procedimiento: vos elegís primero *dos monedas cualesquiera*. Después, me toca a mí. Yo, entonces, elijo *alguna* de las monedas que vos elegiste, y te toca a vos otra vez. Elegís otra vez dos monedas de la herencia, y yo elijo una de las que seleccionaste, y así sucesivamente. Vos vas eligiendo *dos por vez,* y yo me quedo con *una* de las que ya apartaste.

B se queda pensando. Mientras piensa, le propongo que haga lo mismo (antes de mirar o leer la respuesta): ¿es justa la propuesta de A? ¿Es equitativa? ¿Reparte la herencia en cantidades iguales? ¿Respeta la voluntad del padre?

Como estoy seguro de que le sucede a veces, uno siente la tentación de ir más abajo en la página y leer la solución, pero, en ese caso, se privará de la posibilidad de desafiarse a sí mismo. Nadie lo mira. Nadie lo controla. Y de paso, uno *desafía la intuición*.

---

tas y Naturales de la UBA. Me pareció muy interesante y sirve para poner a prueba nuestra capacidad para *pensar en conjuntos infinitos*.

SOLUCIÓN:

Este problema es interesante porque no tiene una solución única. Es decir: no se puede afirmar que la propuesta es *justa ni injusta*. Veamos:

CASO 1. Supongamos que lo que propone A se lleva a cabo de la siguiente manera:

B elige las monedas 1 y 2.
A saca entonces la moneda 2.
B elige las monedas 3 y 4.
A se queda con la 4.
B elige las monedas 5 y 6.
A se queda con la 6.

Creo que está claro el *patrón* que están siguiendo. B elige dos monedas consecutivas, una impar y otra par, y A se *queda* con la moneda *par.*

¿Es justo este proceso? Uno puede decir que sí, porque B se va a quedar con todas las monedas *impares* y A con todas las *pares.* Si ésa va a ser la forma de distribuir la herencia, la voluntad del padre se verá satisfecha y ninguno de los dos sacará ninguna ventaja.

CASO 2. Supongamos que ahora el proceso se lleva a cabo de la siguiente manera:

B elige las monedas 1 y 2.
A elige la moneda 1.

B elige las monedas 3 y 4.

A elige la moneda 2 (que había elegido B en la primera
vuelta).

B elige las monedas 5 y 6.

A elige la moneda 3.

B elige las monedas 7 y 8.

A elige la moneda 4...

¿Le parece que la distribución es justa? No siga leyendo;
piénselo. Si este proceso continúa, y obviamente debería continuar porque las monedas son infinitas, A se estaría quedan-
do con *todas* las monedas, mientras que a B no le quedaría
nada. Es decir que esta repartición no es justa ni respeta la
voluntad paterna.

Sin embargo, la propuesta original que A le había hecho a
su hermano B no está bien ni mal. Depende de la *forma* en que
sean elegidas las monedas... y eso desafía la intuición. Lo invito a que piense: si en lugar de tratarse de una herencia infinita,
se tratara de una herencia *normal,* como la que podría dejar cualquier persona al morir, la pongan en monedas o no, ¿la distribución que propuso A *está siempre bien*?

CASO 3. Otra propuesta[10] es el siguiente reparto: en cada
paso, a A se le permite sacar *cualquier* número (pero *finito*) de
monedas, y B elige *sólo una de las que eligió A.* ¿Sería una repartición justa? Lo dejo pensar en soledad.

---

[10] Esta propuesta me la acercó Juan Sabia, otro gran amigo, matemático, un
magnífico escritor de cuentos y docente del departamento de Matemática de la
Facultad de Ciencias de la UBA.

Ahora sí, agrego la solución: No importa qué número de monedas extraiga A,[11] en la medida que B se lleve primero la moneda número 1. En el segundo paso, cuando A vuelva a hacer su selección, B le "sacará" la moneda número 2. Luego A sigue llevándose monedas en forma consecutiva, y cuando termina, B le "saca" la moneda número 3, y así sucesivamente. Como el proceso es infinito, B se quedará con *todas* las monedas de A, independientemente de la cantidad que A se lleve en cada oportunidad que le toca elegir.

Este ejemplo muestra una vez más que los conjuntos infinitos tienen propiedades que atentan contra la intuición. De hecho, la *moraleja* que uno saca de estos ejemplos es que las leyes con las que estamos acostumbrados a pensar con los conjuntos finitos *no necesariamente son aplicables a los conjuntos infinitos*, y por lo tanto hay que aprender a *pensar* distinto y a entrenar la intuición.

Desfile y probabilidad

Muchas veces me sorprendo escuchando o leyendo cosas como éstas:

a) Científicos de la Universidad de Nagoya descubrieron que las personas que se lavan los pies los días pares del mes viven más años.

b) Un experimento en un Instituto de Alaska comprobó que si uno deja la televisión encendida mientras duerme, obtiene trabajo más rápido.

---

[11] Esto vale mientras sea un número *finito*. La restricción de que sea un número finito es importante porque, si no, A en algún paso se podría llevar todas las monedas.

c) Investigadores de una facultad en los Países Bajos demostraron que si uno toma dos copas de vino *tinto* durante el desayuno, *antes* de beber o ingerir cualquier tipo de productos lácteos, ayuda a disminuir el colesterol y evita la calvicie prematura (además de *emborrachar a quienes beben*, claro).

Ciertamente, buscar relaciones o patrones es estimulante, y además forma parte de la lógica cotidiana de cualquier científico. Pero, también, saltar a conclusiones apresuradamente conlleva un peligro.

Ariel Arbiser, profesor en la Facultad de Ciencias Exactas de la UBA y generoso colaborador con mi tarea de comunicador científico, me contó la historia que sigue, y que si bien es muy sencilla en apariencia, enseña algo profundo al mismo tiempo. En realidad, el texto apareció en el libro *Problemas y experimentos recreativos* del ruso Yakov Perelman, y exhibe con claridad el peligro de usar la teoría de probabilidades en forma descuidada.

Un profesor de matemática, con pocos años de experiencia, enseña a sus alumnos conceptos elementales de probabilidades. Desde el aula se podía ver a los peatones que pasaban por la calle. Era una avenida importante y muy transitada, y naturalmente pasaban caminando diariamente hombres y mujeres. El profesor se molestaba porque los alumnos se distraían mirando por la ventana todo el tiempo. Entonces, decidió plantear un problema y preguntar a la clase:

–¿Cuál es la probabilidad de que el próximo peatón que pase sea un hombre? –Y continúa:– Lo que quiero decirles es: si hiciéramos este experimento *muchas* veces, ¿cuántas veces uno esperaría que pasase un hombre y cuántas que pasara una mujer?

Por supuesto, debe entenderse que uno apunta al caso general y la respuesta se presume aproximada. Si hace falta la aclaración, supondremos que pueden pasar mujeres y hombres por igual. Es decir, la probabilidad de que pase un hombre o una mujer *es la misma*. La respuesta, entonces, es obvia: la *mitad* de las veces uno espera que pase un hombre. Es decir, la probabilidad (que es siempre un número que está entre 0 y 1) es 1/2.

Los alumnos asienten satisfechos, porque comprenden perfectamente.

El profesor sigue:

–¿Y si quisiera calcular la probabilidad de que los próximos *dos* transeúntes sean *hombres*?

Deja a los estudiantes pensando un ratito y luego dice:

–Como ya sabemos, la probabilidad de que un evento se produzca se calcula dividiendo los casos favorables *sobre* los casos posibles.

En este escenario, los casos *posibles* son:

Hombre-Hombre (H-H, para abreviar)
Hombre-Mujer (H-M)
Mujer-Hombre (M-H)
Mujer-Mujer (M-M)

Por otro lado, el único caso *favorable* es: H-H.

Luego, la probabilidad de que pasen dos hombres es 1/4 (un caso favorable sobre cuatro posibles). Es decir, el 25 por ciento de las veces. Una cuarta parte. En consecuencia, la probabilidad de que no sea así, es decir, de que no sean dos hombres, es de 3/4 (el 75 por ciento).

Los alumnos necesitan pensar un poco por qué es cierto esto último; se detienen, piensan y al final entienden.

Luego de un rato, el profesor sigue:

–¿Y cuál es la probabilidad de que los próximos *tres* transeúntes que pasen sean hombres?

Si uno vuelve a considerar todos los casos posibles, son *ocho*:

H-H-H
H-H-M
H-M-H
H-M-M
M-H-H
M-H-M
M-M-H
M-M-M

Como ve, *importa* el *orden* de aparición de los transeúntes. Luego, volviendo a la pregunta anterior, como hay *ocho* casos posibles y *sólo uno* favorable (H-H-H), la probabilidad ahora es:

1/8, o el 12,5% de las veces

que es lo mismo que $(1/2)^3$.

Un alumno que disfrutaba de las apuestas, le dice al profesor:

–Ya que usted viene en bicicleta al colegio, ¿la apostaría a que ninguno de los tres próximos peatones va a ser una mujer?

El profesor, a quien a diferencia del alumno no le gustaba apostar, le contesta:

–No, no querría perder mi bicicleta. Por otro lado, lo que yo digo es que la *probabilidad* de que no pase ninguna mujer entre los tres próximos peatones es 1/8, pero no hay *seguridades*.

El alumno insiste.

–Mmmmm..., si acepta la apuesta, tiene sólo 1/8 de probabilidad de perder, y 7/8 de ganar. No está mal, ¿no?

–Aun así, no quiero –dice el profesor.

El alumno va por más.

–Bueno, suponga que pregunto cuál es la probabilidad de que los próximos 20 peatones sean todos hombres (es decir, ni una mujer).

El profesor responde de inmediato:

–Como antes, será 1/2 elevado a la 20, o sea: $(1/2)^{20}$, lo que es lo mismo que multiplicar el número 1/2 veinte veces por sí mismo:

$$(1/2)^{20} = 1/1048576 = 0,00000095$$

Entonces, la probabilidad de que no pase ninguna mujer entre los próximos 20 peatones es muy muy baja y, por lo tanto, la probabilidad de ganar es, a su vez, muy alta.

En este caso, hablamos de 99,9999 por ciento de posibilidades de ganar. Es decir que el profesor tiene *una posibilidad* en más de un millón de perder. Realmente, casi cualquiera debería aceptar, porque si bien no es *imposible* perder, es muy, muy *improbable* que ocurra.

–Y del mismo modo –siguió el alumno–, la probabilidad de que los próximos 100 peatones sean todos hombres es de 1/2 elevado a la 100. O sea:

$$(1/2)^{100} = 1/1.267.650.600.228.229.401.496.703.205.376$$

que es un número espantosamente pequeño. Le da a usted una virtual certeza de ganar. Es más: el número que aparece en el denominador (más de un *quintillón*) es mucho mayor que el número de partículas de todo el universo, de acuerdo con la física moderna.

La verdad, *está como para apostar*.

El profesor, que quería darle una lección al alumno, finalmente dice:

–Bueno, en estas circunstancias acepto, para mostrarle que confío en lo que digo. Apuesto mi bicicleta a que entre los próximos 100 peatones habrá al menos una mujer. Será simplemente cuestión de ir hacia la ventana, mirar y contar, hasta que aparezca la primera mujer.

A todo esto se oye que de la calle proviene música, algo parecido a una marcha. El profesor se pone pálido. Se acerca a la ventana, y dice:

–Perdí. ¡Adiós bicicleta!

Por la calle venía avanzando un desfile militar.

MORALEJA: En la práctica, las probabilidades se usan cuando, por ejemplo, no contamos con información certera. Pero a veces calcularlas no es tan simple. Las probabilidades pueden ser subjetivas u objetivas, y en la vida real a veces se estiman mal.

Más allá de que el alumno nunca dijo qué ganaba el profesor si aparecía una mujer entre los siguientes 100 peatones, lo que también queda claro es que cuando uno dice que las chances de que pase un hombre o una mujer son iguales, debe tener cuidado.

Por eso muchas veces las conclusiones a las que estamos decididos a saltar son, cuanto menos, *arriesgadas*.

Genoma y ancestros comunes[12]

Los "bordes" que supuestamente *definen* cada ciencia son cada vez más borrosos y el hombre requiere de poder usar *todas* las

---

[12] El prestigioso biólogo molecular argentino Alberto Kornblihtt revisó el texto y lo mejoró. Los aciertos son de él. Los potenciales errores corren por mi cuenta.

herramientas a su alcance, donde las *etiquetas* poseen cada vez menos sentido. En lugar de decir: "éste es un problema para un físico o para un ingeniero o un arquitecto o un biólogo o un matemático", uno debería decir: *tengo este problema. ¿Cómo lo resolvemos? Pensemos juntos.* Como consecuencia, *el avance llega solo.* O más fácil.

El texto que sigue muestra cómo los vasos comunicantes que generaron biólogos y matemáticos que trabajan en la frontera del conocimiento, permitieron poner en evidencia (una vez más) la existencia de *ancestros comunes*.

Durante 2005, en una charla que manteníamos en un café de la Facultad de Exactas (UBA) con Alicia Dickenstein (matemática y una de mis mejores amigas, una persona que claramente tuvo una incidencia muy positiva en mi vida), ella me comentó acerca de un trabajo muy interesante que involucró a biólogos y matemáticos. Más precisamente, me contó el resumen del trabajo "The Mathematics of Phylogenomics", escrito por Lior Pachter y Bernd Sturmfels, del Departamento de Matemática de UC Berkeley.[13] Desde el momento en que, en el 2003, se completó el Proyecto Genoma Humano (HGP, de acuerdo con su sigla en inglés, *Human Genome Project*), comenzó también la carrera por conocer e identificar a nuestros antepasados, y saber con quiénes compartimos ese "privilegio". El proyecto, que duró más de trece años, permitió identificar los (aproximadamente) entre 20.000 y 25.000 genes del genoma humano, y determinar las secuencias de los 3.000 millones de pares de bases químicas que

---

[13] Una versión preliminar fue publicada el 8 de septiembre de 2004 en http://arxiv.org/pdf/math.ST/0409132. Una versión revisada apareció en el mismo sitio el 27 de septiembre de 2005, y el artículo definitivamente editado saldrá en la importante *SIAM Review*, de la Society for Industrial and Applied Mathematics.

lo componen. Es decir, es como si uno tuviera un alfabeto que consista en nada más que cuatro letras: A, T, C y G (las iniciales de A = Adenina, T = Timina, C = Citosina, G = Guanina). El ADN de una persona es algo así como su cédula de identidad. Ahí está escrita toda la información necesaria para el funcionamiento de sus células y sus órganos. En esencia, en una molécula de ADN está inscripto todo lo que podemos ser, nuestras particulares aptitudes y capacidades, y algunas de las enfermedades que podemos padecer. No obstante, es la combinación de esa información con el aporte del ambiente lo que hace que cada uno de nosotros sea *único*.

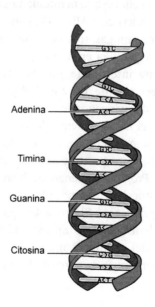

Esa doble hélice es una especie de serpentina que tiene escritas dos tiras enfrentadas de largas cadenas de esas cuatro letras. Pero, además, posee una particularidad: si en una de las tiras, en un lugar hay una letra A, entonces en el lugar correspondiente de la otra tiene que haber una letra T, y si hay una C, entonces en la otra tiene que haber una G. Es decir que vienen apareadas. (De hecho, una forma de recordar esta particularidad, entre los amantes del tango, es usar las iniciales de Aníbal Troilo y Carlos Gardel.)

Ahora bien, ¿a qué viene todo esto que parece más asociado a un artículo sobre biología molecular que a algo que tenga que ver con la matemática? En el artículo que mencionamos de Lior Pachter y Bernd Sturmfels, y también en el libro *Algebraic Statistics for Computational Biology* (Cambridge University Press, 2005), los autores estudiaron una situación muy particular. Miren esta porción de ADN:

TTTAATTGAAAGAAGTTAATTGAATGAAAATGATCAACTAAG

Son 42 letras, en el orden en el que están escritas. Para decirlo de otra manera, sería como una *palabra* de 42 letras. Esta "tira" del genoma fue encontrada (después de un arduo trabajo matemático y computacional de "alineación" de las distintas secuencias) en algún lugar del ADN de los siguientes vertebrados: hombre, chimpancé, ratón, rata, perro, pollo, rana, peces...

Si uno tirara un dado, que en lugar de tener las seis caras convencionales, tuviera sólo cuatro lados, rotulados A, C, G, T, la probabilidad estimada de que esta secuencia de 42 letras apareciera en ese orden es de 1 dividido por 10^{50}. Es decir, la probabilidad de que esto haya ocurrido por azar es aproximadamente igual a: $10^{-50} = 0,00000...0001$. Para decirlo de otro modo, el número empezaría con un cero, luego de la coma habría *cincuenta* ceros, y sólo entonces un número uno. Justamente, la probabilidad de que esto ocurra es tan baja que permite a los autores del artículo conjeturar que todos ellos tuvieron un antepasado o un ancestro común (probablemente hace unos quinientos millones de años), que ya poseía esa secuencia de 42 bases, que fue heredada intacta a todos los descendientes de las distintas ramas de vertebrados. Por lo tanto, si bien uno no puede hablar de certeza, la probabilidad de que el hombre tenga el mismo origen que un pollo, o un perro, o un ratón (ni hablar de un chimpancé), es altísima.

Matrices de Kirkman[14]

Los problemas de combinatoria representan un desafío constante, y no sólo ahora, sino hace ya mucho tiempo. En el siglo XVIII apareció uno que se conoció con el nombre de "Rompecabezas de las alumnas de Kirkman". En realidad, Thomas Penyngton Kirkman propuso este problema en 1847 y un enunciado tan ingenuo como el que sigue tuvo múltiples implicaciones en la Teoría de Matrices.

Una matriz es una *tabla* con *columnas y filas,* donde uno ubica ciertos elementos. Por ejemplo, la platea de un cine consiste de un número determinado de filas y columnas con asientos que serán ocupados por el público. En una terminal de trenes, el tablero que indica los horarios de salida es también una matriz. Las columnas son los diferentes andenes y las filas, los horarios de salida. La grilla de televisión que aparece en todos los diarios es otro ejemplo. Las columnas indican los horarios, y las filas, los distintos canales. O podría ser al revés, dependiendo del número de canales, claro está.

---

[14] Este problema aparece en el libro *The Puzzle Instinct*, de Marcelo Danesi.

Creo que se entiende la idea de una matriz. Ahora sí, el problema de Kirkman:

Se tienen 7 matrices de 5 filas y 3 columnas cada una. Tomemos una de ellas. Distribuyamos los 15 primeros números naturales (del 1 al 15). Obviamente, hay *muchas formas de hacerlo* (¿cuántas?).[15] Ahora, haga lo mismo en *cada una* de las matrices siguientes, pero con una restricción.

Por ejemplo, si en la tercera fila de la primera matriz aparecen los números 1, 4 y 7, entonces, el número 1 no puede aparecer ni con el 4 ni con el 7 en la tercera fila de ninguna otra matriz. Lo mismo con el 4 que, por supuesto, puede aparecer en la tercera fila en cualquier otra matriz, pero no puede estar ni con el 1 ni con el 7.

El enunciado, en consecuencia, dice lo siguiente: se deben distribuir los primeros 15 números naturales en las 7 matrices, con el cuidado de que, si en alguna fila aparece una terna de números, entonces ningún par de ellos puede aparecer *en la misma fila* en ninguna otra matriz.

Desde 1922 aparecieron varias soluciones al *rompecabezas* de Kirkman (encontrará una más abajo), pero lo interesante es que este tipo de problemas fue siempre de gran interés para los matemáticos de diferentes épocas. Algunos de ellos interpretaron estos *acertijos* como una manera recreativa de presentar *nociones teóricas*.

El matemático inglés Charles Lutwidge Dodgson elevó este género hasta transformarlo en un arte literario. De hecho, utili-

---

[15] El número de distribuciones posibles de los 15 números naturales en una matriz se obtiene multiplicando en forma descendente los números desde el 15 hasta el 1:

$$15 . 14 . 13 . 12 . 11 ..... 4 . 3 . 2 . 1$$

Esto se conoce con el nombre de *factorial de 15* (como hemos visto en *Matemática... ¿Estás ahí?*) y la notación que se usa es 15!

zaba el seudónimo de Lewis Carroll, nombre con el que escribió –nada menos– que *Alicia en el País de las Maravillas.*

SOLUCIÓN:

15	5	10
1	6	11
2	7	12
3	8	13
4	9	14

15	1	4
2	3	6
7	8	11
9	10	13
12	14	5

1	2	5
3	4	7
8	9	12
10	11	14
13	15	6

4	5	8
6	7	10
11	12	15
13	14	2
1	3	9

4	6	12
5	7	13
8	10	1
9	11	2
14	15	3

10	12	3
11	13	4
14	1	7
15	2	8
5	6	9

2	4	10
3	5	11
6	8	14
7	9	15
12	13	1

Los problemas de la matemática

La matemática nació para estudiar cómo resolver
problemas prácticos. Bandas nómadas de cazadores
podían vivir sin matemáticas, pero una vez que empezó la
agricultura, empezó a ser importante poder predecir las
estaciones contando los días. Una sociedad se desarrolla
y adopta un sistema monetario y hace falta aritmética
para manejarlo. La geometría es necesaria para medir la
tierra y construir edificios razonablemente elaborados.

KEITH BALL

Una vez descartado lo imposible, lo que resta, por
improbable que parezca, debe ser la verdad.

SIR ARTHUR CONAN DOYLE

¿Hay más agua en el vino o vino en el agua?

Este problema enseña a pensar (por supuesto, en un caso particular). La idea es *educar* la intuición y poder decidir mejor en aquellas situaciones de la vida en las que uno tiene que optar.

Caminaba por la Facultad de Exactas de la UBA y me encontré con Teresita Krick, matemática, profesora también y, sobre todo, muy buena amiga.

–Adrián, tengo un problema interesante para vos. ¿Tenés tiempo para que te lo cuente? Te va a servir para el final de cada programa de televisión –me dijo en un descanso de la escalera.

–Sí –le contesté–. Bienvenida sea toda historia que sirva para pensar.

–Bueno, la historia es así: se tienen dos vasos iguales. Uno contiene vino (llamémoslo V) y el otro agua (llamado A). Los dos tienen la misma cantidad de líquido. Uno toma una cuchara y la hunde en el vino. La llena (a la cuchara) y, sin que se caiga nada, vierte el vino que sacó en el vaso que contiene el agua y revuelve. Es decir, mezcla el agua y el vino. Claramente, el vaso A tiene ahora un poco más de líquido que el vaso V. Más aún, lo que le falta de líquido a V, lo tiene de más el vaso A.

"Ahora bien –siguió Teresa–. Una vez que uno revolvió bien el contenido del vaso A, vuelve a meter la cuchara en el vaso A y una vez más llena la cuchara. Claramente, lo que uno está eligiendo ahora, no es agua pura sino una mezcla. Pero no importa. Llena la cuchara con ese líquido y lo pone en el vaso V.

Teresita me miraba fijo. Yo todavía no sabía hacia dónde iba, pero la dejé seguir:

–Si mezclamos otra vez el líquido en el vaso V, ¿qué te parece que pasa ahora? ¿Hay *más agua en el vino* o *más vino en el agua*?

Fin del problema. Ahora, a pensar.

El enunciado no contiene trucos ni trampas. Se supone que el agua y el vino *no se mezclan*, en el sentido de que *no cambian sus propiedades*. Sé que esto no es cierto, pero a los efectos del problema vamos a suponerlo así.

SOLUCIONES:

La cantidad de agua en el vino *es la misma* que la cantidad de vino en el agua.

¿Cómo convencerse de que esto es cierto? Hay varias maneras de pensar este problema. Yo voy a sugerir tres.

Primera solución:

Las cantidades de líquido que había en cada vaso eran originariamente las mismas. Además, y esto es importante, las cantidades de líquido que hay al final, luego de haber mezclado en ambos vasos, también es igual.

Ahora bien: está claro que algo de vino quedó en el vaso A. Pero también es claro que algo de agua quedó en el vaso V. Ese *algo* de agua que falta en el vaso A *está en* V. Y ese *algo* de vino que falta en el vaso V *está en* A.

Si esas cantidades no fueran iguales, querría decir que en uno de los dos vasos hay más líquido. Y eso no puede ser. Como las cantidades finales son las mismas, entonces, eso implica que lo que falta de agua en el vaso A es igual a lo que falta de vino en el vaso V.

Y eso era lo que queríamos demostrar.

Segunda solución:

En esta solución voy a ponerles nombres a los datos. A los vasos los hemos llamado A y V.

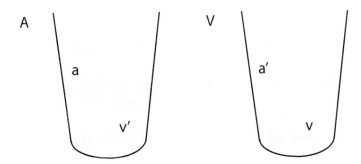

Llamemos:

> a = cantidad de agua que quedó en el vaso A luego del proceso.
>
> a' = cantidad de agua que quedó en el vaso V luego del proceso.
>
> v = cantidad de vino que quedó en el vaso V luego del experimento.
>
> v' = cantidad de vino que quedó en el vaso A luego del experimento.

Entonces, se tienen estas *igualdades*:

(1) $$a + v' = v + a'$$

Esto sucede porque las cantidades finales de líquido en cada vaso luego del experimento son las mismas.

Por otro lado:

(2) $$a + a' = v + v'$$

Esto es cierto porque las cantidades *iniciales* de líquido en cada vaso eran iguales.

Pero, además, y *éste es el dato clave*, uno sabe que

(3) $$a + v' = a + a'$$

ya que en el vaso A la cantidad de agua que había originariamente (a + a') tiene que ser igual a la cantidad de líquido que hay luego del experimento, que es (a + v').

Con estos datos, estamos en condiciones de resolver el problema.

De la ecuación (3) se puede *simplificar* a, y entonces queda que

$$v' = a'$$

que es lo que queríamos demostrar.

Tercera solución:

Vamos a hacer un *modelo distinto* sobre el mismo problema. En lugar de líquido, vamos a suponer que hay *bolitas* de distintos colores en cada vaso.

Supongamos que en el vaso V hay 1.000 bolitas verdes y en el vaso A, 1.000 bolitas azules. Tomamos una cuchara y sacamos del vaso V, 30 bolitas (verdes) y las pasamos al vaso A (en donde están las azules). Ahora, en el vaso V quedan 970 bolitas (todas verdes) y en el vaso A, 1.030 bolitas (1.000 azules y 30 verdes que acabo de pasar con la cuchara). Mezclamos las bolitas del vaso A. En su mayoría son azules, pero ahora hay también 30 bolitas verdes.

Para *replicar* lo que hacíamos con el agua y el vino, volvemos a usar la cuchara. La hundimos en el vaso A, donde están las 1.030 bolitas, y a los efectos de avanzar con el pensamiento, vamos a suponer que nos llevamos 27 azules y 3 de las verdes que habían pasado antes (estos números son arbitrarios).

Volvemos a depositar estas 30 bolitas en el vaso V. Por favor, tome nota de que en el vaso A quedaron ahora 973 azules y 27 verdes. Ahora, al haber pasado las 30 bolitas del vaso A al V, los dos tienen la *misma cantidad de bolitas: 1.000*.

En el vaso V quedaron 970 bolitas verdes que nunca fueron tocadas, más 27 azules que deposité la segunda vez que pasé la cuchara, más 3 verdes que volvieron. O sea, hay 973 verdes y 27 azules.

CONCLUSIONES:

a)   en ambos vasos hay la misma cantidad de bolitas;

b)   en el vaso V, hay 973 verdes y 27 azules;

c)   en el vaso A, hay 973 azules y 27 verdes.

Como ve, hay la misma cantidad de verdes entre las azules que de azules entre las verdes. O, si se quiere, hay la misma cantidad de agua en el vino que de vino en el agua.

Final con moraleja incluida: para resolver este problema es obvio que no hace falta saber resolver ecuaciones, ni es necesario saber modelar con bolitas. Hay gente que llega a la respuesta razonando como en la primera solución. Y otra, razonando como en la segunda. O como en la tercera. Más aún: estoy seguro de que mucha otra gente lo *resuelve* de otras formas.

Por eso, *no hay una única manera de resolver problemas.* Lo que es interesante, es ser capaces de pensar. No importa tanto qué caminos uno toma, sino el resultado final. Todos iluminan.

La historia de los cuatro sospechosos

El siguiente problema tiene una particularidad: en apariencia, parece un *acertijo.* Me resisto a incluir "problemas de ingenio", porque con ellos suele pasar es que si a uno se le ocurre lo que hay que hacer, bárbaro pero, si no, genera una frustración que invita a no querer pensar más. En cambio, el problema que sigue *tiene lógica.* Tiene una lógica *impecable.* Puede que no sea sencillo, pero inexorablemente, si uno se dedica a pensarlo, seguro que lo resuelve. Podrá no disponer del tiempo o de las ganas de hacerlo, pero de lo que no me queda duda es de que presenta un desafío que cualquier persona puede enfrentar. Aquí va.

Se denunció un robo de dinero y la policía detuvo a cuatro sospechosos. Los cuatro fueron interrogados, y se sabe que *uno solo* dijo la verdad. El problema consiste en *leer* lo que dijo cada uno, y encontrar razones que demuestren quién fue el que dijo la verdad, o sea, encontrar al único que no mintió.

El sospechoso número 1 dijo que él no robó el dinero.

El sospechoso número 2 dijo que el número uno mentía.

El sospechoso número 3 dijo que el número dos mentía.

El sospechoso número 4 dijo que el número dos fue quien robó el dinero.

Le propongo hacer una pausa, sentarse un rato con un papel, una lapicera, y ganas de disfrutar pensando. Yo voy a citar las distintas posibilidades a partir del párrafo que sigue, pero, hágame caso, *no lo lea*. *Hágalo solo/a.* Lo va a disfrutar más.

Lo que voy a hacer ahora es analizar lo que dijo cada uno de los sospechosos suponiendo que *dijo la verdad,* y ver a qué conclusiones o contradicciones me lleva. A partir de ahora, por comodidad, a los sospechosos los voy a llamar directamente #1, #2, #3 y #4.

1) Si #1 fuera el que dijo la verdad, esto *implica* que #1 NO FUE el que robó el dinero (porque él está diciendo la verdad). En ese caso, no hay problemas en aceptar que #2 NO dice la verdad. Está mintiendo cuando dice que #1

es el que mentía. Luego, no hay problemas ahí. Pero sí hay problemas con la afirmación de #3. Porque si él –el número 3– miente (y tiene que mentir porque estamos suponiendo que #1 es el ÚNICO que dijo la verdad), entonces, sería MENTIRA lo que él dijo, es decir que sería mentira que #2 mentía... o sea, #2 decía la verdad... En ese caso, sería cierto que #1 mentía. Pero si #1 mentía, entonces, cuando él dice que NO robó el dinero, estaría mintiendo. Y eso implicaría que fue ÉL quien robó el dinero. Y ESO CONTRADICE el hecho de que estamos suponiendo que #1 es el único que está diciendo la verdad. Este caso, NO puede ser posible.

2) Si #2 fuera el ÚNICO que dice la verdad, entonces #1 estaría mintiendo; eso implica que fue ÉL quien robó el dinero. Hasta ahí vamos bien. Se concluye, entonces, que #1 fue quien robó el dinero. Por otro lado, como #3 miente, no hay problemas de contradicción alguna, porque SABEMOS que #2 dice la verdad, por lo cual, lo que dice #3 es mentira. Y si lo que dijo #4 también fuera mentira, eso querría decir que #2 NO robó el dinero. Y eso tampoco contradice nada. Es decir, SUPONER QUE FUE #2 EL ÚNICO QUE DICE LA VERDAD no ofrece contradicciones con el resto de las afirmaciones.

3) Si #3 fuera el ÚNICO que dice la verdad, significaría que #2 miente. Pero si #2 miente, entonces quiere decir que #1 decía la verdad. Pero si #1 dijo la verdad, entonces él no robó el dinero. En ese caso, lo que dice #1 TAMBIÉN sería cierto. Eso CONTRADICE que #3 sea el ÚNICO que está diciendo la verdad. Este caso no puede ser posible.

4) Si #4 fuera el ÚNICO que dijo la verdad, entonces implicaría que #2 fue quien robó el dinero. Pero, como OBLIGADAMENTE #3 miente, eso querría decir que lo que dijo es falso y, por lo tanto, #2 estaría diciendo la verdad. Y lo que dijo #2 fue que #1 mentía. Pero si #1 mentía, entonces, fue #1 quien robó el dinero... Y eso contradice que fue #2 quien robó el dinero.

MORALEJA 1: La única manera de que UNO solo de ellos dijera la verdad sin que se produzcan contradicciones es que sea #2 el ÚNICO que dijo la verdad.

MORALEJA 2: Este tipo de problemas, más allá de ser entretenidos o no, nos entrenan para tomar decisiones que aparecen como complicadas. Muchas veces en la vida uno tiene que analizar distintos tipos de escenarios y cuando advierte que hay muchas variables, la pereza lo inunda y prefiere claudicar. Por eso, más allá del valor lúdico que tienen, enseñan a pensar. Y ayudan a elegir.

Problema de los recipientes de 3 y 5 litros respectivamente

El problema a resolver es el siguiente: se tienen dos recipientes vacíos de 3 y 5 litros respectivamente. (Ésos son los únicos datos que uno tiene, es decir, no hay otra forma de medir volúmenes.) Por otro lado, hay un barril que contiene vino. ¿Cómo se puede hacer para conseguir exactamente 4 litros de vino?

SOLUCIÓN:

Una manera de resolver el problema es tomar el barril y llenar el recipiente de 3 litros. Luego se vierten en el de 5 litros. De modo que tenemos 3 *litros* en el recipiente en el que caben 5 y nada en el otro. Luego se vuelve a llenar el de 3 litros, y ahora los dos recipientes tienen 3 litros. Tomo el recipiente de 3 litros, y agrego líquido en el de 5 hasta llenarlo.

El de 5 está completo, pero en el de 3 ha quedado 1 litro exactamente. Esto es lo que necesitaba. Tiro todo lo que hay en el de 5 hasta vaciarlo y luego tomo el *único litro* que hay en el de 3, y lo vierto en el de 5. En este momento tengo *1 litro* en el recipiente de 5 y *nada* en el de 3. Faltan dos pasos. En el primero, lleno el recipiente de 3, y el otro lo dejo igual. Luego, tomo los 3 litros y los vierto en el otro recipiente, donde había *un solo litro*. Listo. En el recipiente de 5 litros quedaron exactamente 4, como queríamos.

Problema de pensamiento lateral (Eminencia)

Como ya expliqué en el primer libro de esta serie, hay problemas que se consideran de "pensamiento lateral" o, lo que es lo mismo, problemas que requieren de caminos inesperados o ángulos distintos, o de *algo* diferente para llegar a su solución. Aquí va uno de los más importantes de estos problemas, no necesariamente el mejor (aunque creo que es uno de los mejores), y que genera y generó muchísimas controversias. Recuerde que no hay trampas ni cosas escondidas, todo está a la vista.

Antonio, padre de Roberto, un niño de 8 años, sale manejando su auto desde su casa en la Ciudad de Buenos Aires y se dirige rumbo a Mar del Plata. Roberto va con él. En el camino se produce un terrible accidente. Un camión, que venía de frente, sale de su carril en la autopista y embiste de frente el auto de Antonio.

El impacto mata instantáneamente a Antonio, pero Roberto sigue con vida. Una ambulancia de la municipalidad de Dolores llega casi de inmediato, advertida por quienes fueron ocasionales testigos, y el niño es trasladado al hospital. Ni bien llega, los médicos de guardia comienzan a tratarlo con mucha dedicación, aunque luego de conversar entre ellos y estabilizarle las condiciones vitales deciden que no pueden resolver el problema de Roberto. Necesitan consultar. Además, advierten el riesgo de trasladar al niño y, por eso, deciden dejarlo internado allí, en Dolores. Después de las consultas pertinentes, se comunican con el Hospital de Niños de la Capital y finalmente se asesoran con una eminencia en el tema, a quien ponen en conocimiento de lo ocurrido. Como todos concuerdan en que lo mejor es dejarlo a Roberto en Dolores, la eminencia decide viajar directamente desde Buenos Aires hacia allá. Y lo hace.

Los médicos del lugar le presentan el caso y esperan ansiosos su opinión. Finalmente, uno de ellos es el primero en hablar:

–¿Está usted en condiciones de tratar al nene? –pregunta con un hilo de voz.

Y obtiene la siguiente respuesta:

–¡Cómo no lo voy a tratar si es *mi hijo*!

Bien, hasta aquí, la historia. Ahora, ¿cómo hacer para que tenga sentido? Como no estoy con usted donde sea que esté leyendo este libro, le insisto en que no hay trampas, no hay nada oculto.

Antes de leer la solución, quiero agregar algunas cosas:

a)   Antonio no es el padrastro.

b)   Antonio no es cura.

Ahora sí, lo dejo con su imaginación. Eso sí, le sugiero que lea otra vez la descripción del problema y, créame, es muy, muy sencillo.

SOLUCIÓN:

Lo notable de este problema es lo sencillo de la respuesta. Peor aun: ni bien la escriba –si es que no pudo resolverlo– se va a dar la cabeza contra la pared pensando: ¿cómo es posible que no se me haya ocurrido?

La solución, o mejor dicho una potencial solución, es que la eminencia de la que se habla sea *la madre*.

Y este punto es clave en toda la discusión del problema.

Como se advierte (si lo desea, relea todo nuevamente), en ningún momento hago mención al *sexo* de la eminencia. Pero nosotros tenemos tan internalizado que las eminencias tienen que ser hombres, que no podemos pensarla mujer. Y esto va mucho más allá de ser puestos ante la disyuntiva *explícita* de decidir si una mujer puede ser una eminencia o no; creo que ninguno de nosotros dudaría en aceptar la posibilidad de que sea tanto una mujer como un hombre. Sin embargo, en este caso falla. No siempre se obtiene esa respuesta. Más aún: hay muchas mujeres que no pueden resolverlo, y cuando les comunican la solución, se sienten atrapadas por la misma conducta machista que deploran o condenan.

Diez bolsas con diez monedas

Se tienen 10 bolsas numeradas (del 1 al 10) que contienen 10 monedas cada una. Las monedas son todas iguales en apariencia y, salvo una excepción, todas tienen el mismo peso: 10 gramos. Lo único que se sabe es que *una* de las bolsas contiene monedas que pesan todas un gramo más que el resto. Es decir, las monedas de esta única bolsa pesan 11 gramos en lugar de 10. Se tiene, además, una balanza que mide el peso exacto (bueno, tan exacto como uno necesita para este problema), pero sólo se podrá usar una vez.

El problema consiste en saber qué hacer, con una sola pesada, para determinar en qué bolsa están las monedas que pesan diferente. Se trata de *pensar con creatividad*. Ése es el atractivo particular de este ejercicio.

SOLUCIÓN:

Uno tiene las bolsas numeradas. Elige entonces monedas para pesar de la siguiente forma:

1 moneda de la bolsa número 1.
2 monedas de la bolsa número 2.
3 monedas de la bolsa número 3.
4 monedas de la bolsa número 4.
5 monedas de la bolsa número 5.
6 monedas de la bolsa número 6.
7 monedas de la bolsa número 7.
8 monedas de la bolsa número 8.
9 monedas de la bolsa número 9.
10 monedas de la bolsa número 10.

Hemos elegido 55 monedas para poner en la balanza. En principio, si las monedas pesaran todas iguales, es decir, si pesaran todas 10 gramos, al poner las 55 monedas, el resultado que deberíamos obtener es 550 gramos. A esta altura, con lo que acabo de escribir, creo que ya puede pensar solo (si hasta acá no se le había ocurrido cómo resolver el problema). Si no, sigo yo más abajo. Pero piense que, con la idea *extra* de ver cómo elegir las monedas, ahora debería ser más sencillo decidir cuál es la bolsa que contiene las monedas que pesan 11 gramos.

Vuelvo a la solución. Al pesar las 55 monedas, *sabemos* que el resultado será *mayor* que 550 gramos. Ahora, ¿cuánto más podría ser el resultado de la pesada? Por ejemplo, ¿si en lugar de pesar 550 gramos pesara 551, qué querría decir?

Resulta que si pesa exactamente un gramo más es porque hay una sola moneda que pesa 11 gramos, y por la forma en que hemos elegido las monedas (1 de la bolsa 1, 2 de la bolsa 2, etc.), significa que la bolsa donde están las que pesan distinto tiene que ser la número 1. Es que de ella hemos elegido justamente *una sola moneda*.

Si, en cambio, en lugar de pesar 550 pesara 552, entonces quiere decir que hay 2 monedas que pesan 11 gramos cada una. ¿No es fácil ver ahora que la bolsa donde están las que pesan más tiene que ser la bolsa número 2?

De esta forma, si pesara 553, las monedas de mayor peso estarán en la bolsa número 3, y así sucesivamente.

Es decir, hemos resuelto el problema: con una sola pesada podemos determinar en qué bolsa están las que pesan 11 gramos.

Otro problema de sombreros[16]

Se tienen cinco sombreros, tres de los cuales son blancos y los otros dos, negros. Hay en una pieza tres personas (digamos los señores A, B y C), a quienes se les entregó al entrar uno de los cinco sombreros. Los tres señores están sentados de manera tal que el señor A puede ver los sombreros de B y de C (no el propio, claro está), pero B sólo puede ver el sombrero de C (y no el suyo ni el de A). Por su parte, C no puede ver ningún sombrero.

Cuando les preguntaron –en orden: primero A, luego B y luego C– qué sombrero tenía cada uno, éstas fueron las respuestas: el señor A dijo que no podía determinar qué color de sombrero tenía. Luego le tocó al señor B, quien también dijo que no podía decir qué color de sombrero tenía. Por último, el señor C dijo: "Entonces yo sé qué color de sombrero tengo".

¿Qué fue lo que dijo?, ¿cómo pudo justificarlo?

SOLUCIÓN:

El señor C tenía un sombrero *blanco*, y eso fue lo que dijo. ¿Cómo lo supo? C hizo el siguiente razonamiento.

Si él y B tuvieran sombreros negros, A habría deducido que tenía puesto un sombrero blanco, ya que puede ver los sombre-

---

[16] En *Matemática... ¿Estás ahí?* publiqué (pp. 162 y 164) varios problemas sobre sombreros. Varios amigos me enviaron nuevos. Elegí éste que me mandó Gustavo Stolovitzky. Gustavo es licenciado en Física en la UBA, doctor en Física en Yale y ahora trabaja en los Estados Unidos, más precisamente en IBM, en el departamento de Genómica funcional y sistemas biológicos. Fue, sin ninguna duda, uno de los alumnos de quienes más aprendí en mi trayectoria como docente, además de ser una persona realmente deliciosa.

ros de los otros dos. Pero A no dijo nada. O, mejor dicho, sí dijo algo: que *no sabía qué sombrero tenía.* Eso implicaba que él estaba viendo que o bien B o bien C tenían un sombrero blanco.

Cuando le tocó el turno a B, él sólo podía ver el sombrero de C, pero tenía la misma información que C: B sabía que o bien él o bien C tenían un sombrero blanco. Si hubiera visto que C tenía un sombrero *negro,* B habría podido decir que su propio sombrero era blanco. Pero como no dijo nada, o mejor dicho, dijo que no podía decirlo, entonces le tocó el turno a C.

Como B no pudo decidir, quería decir que C no tenía el sombrero negro. Por lo tanto, a C le quedó el camino allanado, y sin poder ver ningún sombrero, pudo determinar que él tenía uno blanco. Y acertó.

Ruleta rusa

Supongamos que alguien está (involuntariamente por cierto) involucrado en un juego llamado "La ruleta rusa". Para aquellos que no lo conocen, consiste en ponerse un revólver cargado en la sien y apretar el gatillo. El revólver tiene algunas balas en la recámara, pero no todos los lugares están ocupados.

Se trata de ver si uno, luego de hacer girar el tambor, tiene la suerte de que haya quedado vacío el próximo tiro y así se salve de morir al disparar (nada menos).

Una vez hecha la presentación, supongamos que se tiene un revólver con 6 lugares para cargar las balas. Sabemos que se han ubicado sólo 3 y quedaron 3 lugares vacíos, con la particularidad de que las 3 balas están en tres lugares *consecutivos.* Supongamos ahora que hay 2 jugadores que van a participar. El tambor (o sea, el lugar que contiene las balas) se hace girar una sola vez. Cada jugador toma el arma, se apunta a la cabeza y aprie-

ta el gatillo. Si sobrevive, le pasa el revólver al siguiente participante, que hace lo mismo: se apunta y aprieta el gatillo. El juego
termina cuando un jugador muere.

La pregunta es: ¿tiene más posibilidades de *sobrevivir* el que
tira primero o segundo? En todo caso, ¿*representa alguna ventaja ser el que empieza o ser el segundo*? ¿*Qué preferiría usted*?

SOLUCIÓN:

Miremos los posibles resultados al girar el tambor.

1	2	3	4	5	6
x	x	x	o	o	o
o	x	x	x	o	o
o	o	x	x	x	o
o	o	o	x	x	x
x	o	o	o	x	x
x	x	o	o	o	x

Donde elegí poner una "*x*" hay una bala, y la "*o*" representa un lugar vacío. Además, numeré los lugares, de manera tal que
el que lleva el número 1 es el que determinará la suerte del primer competidor.

Veamos qué posibilidades tiene de *salvarse* el primero. De las
seis alternativas, tiene tres a favor (que son las que empiezan con
una letra "*o*"). Es decir que la probabilidad de que siga vivo es
de 1/2, porque se salva con tres de las seis posiciones posibles.

Ahora, contemos las chances que tiene el segundo competidor,
aunque quizá convenga que le dé un poco de tiempo para pensar de nuevo el problema, ya planteada la tabla con todas las posibilidades. Si aun así prefiere seguir leyendo, *contemos* juntos.

Importa mucho saber que, si el segundo jugador va a usar el arma, es porque el primero sigue vivo. O sea que, como el *tambor* se hizo girar una sola vez, quedó detenido en una posición que es la que va a prevalecer a lo largo de todo el juego.

Mirando la tabla, ¿cuántas alternativas hay que empiecen con la letra "*o*"? Hay tres (las que figuran como segunda, tercera y cuarta), pero lo interesante es que de esas tres sólo hay *una* que tiene una bala en el segundo lugar. Las otras dos alternativas tienen nuevamente una "*o*". Es decir que de las tres posibles, el segundo competidor se salvará en *dos* de ellas. En consecuencia, la probabilidad de que el segundo se salve es de 2/3.

La conclusión entonces es que, como la probabilidad de que se salve el primero es de 1/2 y la del segundo es de 2/3, conviene ser el segundo competidor.

Si usted está interesado en continuar el proceso, y si el segundo competidor sigue con vida, le vuelve a tocar al primero y, en ese caso, a él le queda *una* sola posibilidad, sobre dos, de salvarse. Y al segundo, lo mismo. Es decir que si llegaron hasta acá (pasaron por la situación de tirar una vez cada uno y sobrevivieron), las chances son las mismas para los dos.

Problema de las doce monedas

El problema que sigue sirve para analizar situaciones complejas, en donde hay muchas variables y muchos escenarios posibles. Para resolverlo, es conveniente sentarse con un papel (o varios), lapiceras (una alcanza), tiempo (siempre es útil) y muchas ganas de pensar y analizar.

Los organizadores de la Competencia de Matemática que

lleva el nombre de mi padre, Ernesto Paenza, incluimos este ejercicio en una de las pruebas (la de 1987). El enunciado es sencillo y tratar de encontrar la solución es ciertamente muy estimulante.

Se tienen 12 monedas iguales en apariencia, pero *una* de ellas pesa distinto que el resto. Con todo, no se sabe si pesa *más* o *menos*, sólo que pesa *diferente*. El objetivo es descubrirla. Para ello, se cuenta con una balanza de dos platillos. En realidad, es una balanza muy sencilla que sólo detecta si lo que se pone en uno de los platillos pesa más, igual o menos que lo depositado en el otro. Nada más. Para descubrir la moneda distinta se pueden efectuar sólo *tres pesadas*.

Las preguntas que surgen son:

a) ¿Se puede?

b) ¿Tiene solución el problema? En tal caso, ¿cuál es? Si no la tiene, también habrá que demostrarlo.

Listo. Ya está el enunciado y las condiciones para resolverlo. Como siempre, lo invito a pensar solo. Buscar la respuesta sirve para entrenar la mente, para aprender a pensar, para "pensar" un poco más allá de lo que se ve en lo inmediato. Hágame caso, vale la pena intentarlo sin *leer* la respuesta que sigue. Es más: aunque no *llegue* a la respuesta definitiva, créame que la capacidad de razonamiento de una persona mejora sólo por el hecho de haberlo intentado.

SOLUCIÓN:

El problema *tiene solución*. No creo que sea la única, pero voy a mostrar aquí una de ellas. Con todo, como habrá advertido, mi idea es que siempre será mejor la que usted encuentre, porque ésa le pertenece; usted la peleó y pensó por sí mismo/a.

Ahora sí, aquí va. Numeremos las monedas de la 1 a la 12, y a los platillos démosle un nombre también: A al de la izquierda y B al de la derecha.

En la primera pesada, se eligen las monedas (1, 2, 3, 4) y se las coloca en A. Luego, se eligen (5, 6, 7, 8) se las coloca en B. Caben tres posibilidades:

a)   que pesen igual;
b)   que el platillo A pese más que B (A > B);
c)   que el platillo B pese más que A (B > A).

Analicemos cada caso.

CASO a) Si las ocho monedas pesan igual, quiere decir que la *moneda diferente* tiene que estar entre las *cuatro* (9, 10, 11 y 12) que no intervinieron en la primera pesada. ¿Cómo hacer para descubrirla, ahora que sólo nos quedan dos pesadas más?

Tomamos las monedas (9, 10) y las comparamos poniéndolas en A y B respectivamente. Como antes, hay tres posibilidades, pero en este caso sólo nos interesa considerar las siguientes:

1ª posibilidad: 9 y 10 pesan igual. Eso quiere decir que la *moneda distinta* es o bien la 11, o bien la 12. Pero ahora nos queda una sola pesada más. Entonces, usamos esa pesada para comparar 9 y 11.

Ya sabemos que 9 no es. Está entre la 11 y la 12. Si 9 y 11

pesan igual, entonces la 12 es la moneda diferente. ¿Por qué? Porque eso querría decir que 11 es del mismo peso que 9, y ya sabemos que 9 es una de las monedas *buenas,* por llamarlas de alguna manera. Entonces, si 9 es de las buenas, y 11 pesa lo mismo que 9, la única alternativa que queda es que 12 sea *la moneda distinta.*

2ª posibilidad: 9 y 10 pesan distinto. Entonces, quiere decir que *una* de esas dos (9 o 10) es la que buscamos. Bueno, pero nos queda una sola pesada para poder descubrir cuál es.

Pesamos la 9 y la 11. Si tienen el mismo peso, entonces la moneda distinta es la 10 (porque ya sabemos que 11 es una de las monedas buenas y 9, entonces, pesaría lo mismo que 11). En cambio, si 9 y 11 pesan distinto, y como ya sabemos que la moneda que buscamos está entre 9 y 10 (y por lo tanto la 11 es una de las *buenas*), en conclusión, 9 es la moneda distinta.

Hasta aquí hemos resuelto el problema siempre y cuando en la primera pesada hayamos determinado que esas ocho monedas (1, 2, 3, 4, 5, 6, 7 y 8) pesan lo mismo.

CASO b) Supongamos que A > B, es decir que las monedas (1, 2, 3, 4) pesan más que las monedas (5, 6, 7, 8). Si es así, entonces hay cuatro monedas que quedan descartadas: 9, 10, 11 y 12. La moneda distinta tiene que estar entre las primeras ocho.

Ahora nos quedan dos pesadas para descubrir cuál es, entre las ocho primeras.

Para eso, elegimos *dos* monedas del platillo A (3 y 4) y agregamos *una* del platillo B: por ejemplo, la número 5. A estas tres monedas (3, 4 y 5) las ponemos en A. Del otro lado, tomamos las otras dos monedas que estaban en el platillo A (1 y 2) y las ponemos del otro lado, junto con una cualquiera de las descartadas. Digamos, la número 10. Y las ponemos en el platillo B.

Es decir:

- Platillo A: 3, 4 y 5.
- Platillo B: 1, 2 y 10.

Y usamos la segunda pesada para avanzar. Como siempre, pueden pasar tres cosas: que pesen lo mismo, que A > B, o bien al revés: que A < B.

Analicemos cada una.

1ª posibilidad: si (3, 4, 5) pesan lo mismo que (1, 2, 10), esto significa que uno *descarta que entre estas seis monedas esté la que buscamos*. Ya lo sabíamos en el caso de la 10, pero ahora agregamos 1, 2, 3, 4 y 5. Luego, la moneda distinta está entre 6, 7 u 8. Pero nos queda una sola pesada y tres monedas. Esta situación es clave en el razonamiento. Hemos llegado, una vez más, a quedarnos con *tres* monedas y *una pesada* para poder decidir.

Pesamos 6 y 7. Si estas dos pesan lo mismo, la única posible que queda es la número 8 que resulta ser la moneda distinta. En cambio, si 6 pesa más que 7, esto en principio descarta a 8. Pero, por otro lado, como en la primera pesada (1, 2, 3, 4) pesaban más que (5, 6, 7, 8), esto significa que la moneda distinta pesa *menos* que las otras. Esto sucede porque está del lado de la derecha, en el platillo B, que en la primera pesada albergaba a la moneda distinta. Luego, si 6 pesa más que 7, entonces la moneda distinta es 7. En cambio, si 6 pesa menos que 7, entonces, la moneda distinta es 6.

2ª posibilidad: ahora pasamos al caso en que las monedas (3, 4, 5) *pesan más* que (1, 2, 10). Como también tenemos el dato de que las monedas (1, 2, 3, 4) pesan más que (5, 6, 7, 8), entonces, al haber cambiado de platillo a la moneda 5, como todavía el platillo A sigue pesando más, hay que descartar esa moneda. La 5, entonces, no es la moneda distinta. Pero tampoco lo son las monedas 1 y 2, ya que también las cambiamos de platillo, del A al B, y sin embargo la balanza sigue inclinándose para el mismo lado. Como la 10 ya estaba descartada de entrada y sólo la usamos para "equilibrar" los pesos, quiere decir que la moneda distinta tiene que estar entre la 3 y la 4.

Hay que dilucidar ahora cuál de las dos es la moneda distinta, en una sola pesada.

Ponemos la moneda 3 en el platillo A y la 4 en el B. *No pueden pesar lo mismo,* porque *una de las dos tiene* que ser la moneda distinta. No sólo eso: la que pese *más* es la moneda distinta. Esto se deduce porque es lo que hace (e hizo) que el platillo A pesara más en la primera pesada y también en la segunda.

Si al compararlas 3 pesa más que 4, entonces 3 es la moneda distinta. Si resulta que 4 pesa más que 3, entonces 4 es la moneda distinta.

Y listo. Aquí termina esta parte.

3ª posibilidad: falta que analicemos el caso en que las monedas (3, 4, 5) *pesan menos* que (1, 2, 10). Aquí quedan abiertas algunas posibilidades. Las únicas monedas que pueden ser distintas son 1, 2 o 5. ¿Por qué? Con respecto a la pesada inicial, donde (1, 2, 3, 4) pesan más que (5, 6, 7, 8), las monedas que cambiamos de platillo en la segunda pesada son 1 y 2, que pasaron al platillo A, y también la 5, que pasó del platillo B al A.

Al quedar 3 y 4 en A, y al cambiar cuál de los dos platillos pesa más, entonces eso descarta a 3 y 4. Ellas, obviamente, no inciden en el peso. Ponemos entonces la moneda 1 en A, y la 2 en B. Si pesan igual, entonces la moneda 5 es la moneda distinta. Esto sucede porque todo quedaba reducido a *tres* monedas: 1, 2 y 5. Si 1 y 2 pesan lo mismo, entonces 5 tiene que ser la moneda diferente.

En cambio, si 1 pesa más que 2, eso significa que 1 es la moneda distinta (revise lo que pasó con la moneda 1 desde el principio de las tres pesadas y se dará cuenta que la que más pesa es la moneda distinta). Por otro lado, si 2 pesa más que 1, entonces 2 es la moneda distinta.

CASO c) Ahora falta analizar el caso en que en la primera pesada las monedas (1, 2, 3, 4) pesan *menos* que las monedas (5, 6, 7, 8). En este caso, igual que antes, quedan descartadas como posibles monedas distintas las (9, 10, 11, 12).

Como hemos hecho hasta acá, ahora elegimos seis monedas para comparar. Ponemos –por ejemplo– (3, 4, 5) en A y (1, 2, 10) en B. Al hacer esto, pensamos en cambiar de platillos sólo tres monedas: 1 y 2 que pasan de A a B y, al revés, la moneda 5 que pasa de B a A. La moneda 10 sólo cumple un papel estabilizador, ya que sabemos que está descartada.

¿Qué puede ocurrir? Si (3, 4, 5) pesan *igual* que (1, 2, 10), entonces la moneda distinta tiene que estar entre 6, 7 y 8 (esto surge de la primera pesada). Además, la que sea *pesa más*, porque en la primera pesada el platillo B pesó más que el platillo

A, y en el platillo B sabemos que está la moneda distinta (porque (3, 4, 5) pesan igual que (1, 2, 10)).

Ponemos 6 en A, y 7 en B. Si pesan lo mismo, entonces la moneda 8 es la distinta. Si 6 pesa más que 7, entonces la 6 es la moneda distinta. Y si 7 pesa más que 6, entonces es 7 la moneda distinta.

Si ahora (3, 4, 5) pesan *más* que (1, 2, 10), entonces la discusión sobre la moneda distinta se circunscribe a las monedas (1, 2 y 5) porque son las únicas tres que cambiaron de platillo (teniendo en cuenta la primera pesada). Ponemos 1 en A, y 2 en B. Si pesan iguales, entonces 5 es la moneda distinta. Si 1 pesa más que 2, entonces 2 es la moneda distinta, porque en la primera pesada las monedas (1, 2, 3, 4) pesaban *menos* que (5, 6, 7, 8). En consecuencia, si la moneda distinta está entre 1 y 2, la que pese *menos* es la distinta. Y al revés, si 1 pesa *menos* que 2, entonces 1 es la moneda distinta.

Por último, supongamos que (3, 4, 5) pesan *menos* que (1, 2, 10). Esto descarta a la moneda 5, porque aunque se cambie de platillo queda la balanza inclinada hacia el mismo lado (o sea, con el platillo A teniendo *menos* peso que el platillo B).

Por la misma razón, como al cambiar de platillo a las monedas 1, 2 y 5 en la segunda pesada no cambia el peso de los platillos, entonces 1, 2 y 5 quedan descartadas. La moneda *distinta* está entre la 3 y la 4. Y es la que pesa *menos* de las dos, porque la presencia de ambas en las primeras dos pesadas es la que hace que el platillo A *pese* menos que B. Luego, ponemos 3 en A y 4 en B. Sabemos que *no pueden pesar iguales*. Luego, si 3 pesa *menos* que 4, entonces 3 es la moneda distinta. Y al revés, si 4 es la que pesa *menos* que 3, entonces 4 es la moneda distinta.

Y listo. Acá se terminó el análisis.

¿Difícil? No. ¿Complejo? Tampoco. Sólo hay que "aprender" a hacer análisis de este tipo, en donde las posibilidades son muchas y las variables, en apariencia, también.

Exige concentración... Y entrenar la concentración no tiene nada de malo. Y es muy útil.

Problema del viajante de comercio

Si usted fuera capaz de resolver el problema que voy a plantear ahora, podría agregar un millón de dólares a su cuenta bancaria. Eso es lo que está dispuesto a pagar el Clay Mathematics Institute. El problema es de enunciado realmente muy sencillo y se entiende sin dificultades. Claro, eso no quiere decir que sea fácil de resolver, ni mucho menos. De hecho, seguramente pondrán en duda varias veces que a alguien le puedan pagar semejante suma por resolver lo que parece ser una verdadera pavada. Sin embargo, hace más de cincuenta años que está planteado y, hasta ahora, nadie le encontró la vuelta. Acompáñeme.

Una persona tiene que recorrer un cierto número de ciudades que están interconectadas (por rutas, carreteras o por avión). Es decir, siempre se puede ir de una hacia otra en cualquier dirección. Además, otro dato es cuánto cuesta ir de una a otra. A los efectos prácticos, vamos a suponer que viajar desde la ciudad A hasta la ciudad B sale lo mismo que viajar desde B hasta A.

El problema consiste en construir un itinerario que pase por todas las ciudades *una sola vez,* y que termine en el mismo lugar de partida, con la particularidad de que sea *el más barato.* ¡Eso es todo!

No me diga que no le da ganas de volver para atrás y leer

de nuevo, porque estoy seguro de que, a esta altura, usted debe dudar de haber entendido correctamente el enunciado del problema. Una de dos: o no entendió bien el planteo o hay algo que anda mal en este mundo. Sin embargo, el asunto es que la *dificultad* del problema aparece escondida. Los intentos que distintas generaciones de matemáticos han hecho tratando de resolverlo, han permitido múltiples avances, sobre todo en el área de la optimización, pero hasta ahora el problema general no tiene solución.

Hagamos algunos ejemplos sencillos.

Supongamos que se tienen 4 ciudades, digamos A, B, C y D. Como señalé más arriba, sabemos que ir de A hacia B *cuesta lo mismo* que ir de B hacia A. Y lo mismo con todas las otras parejas. Para ejemplificar, voy a inventar algunos datos, de manera de poder pensar el problema en un caso concreto.

a) Costo del viaje AB = 100
b) Costo del viaje AC = 150
c) Costo del viaje AD = 200
d) Costo del viaje BC = 300
e) Costo del viaje BD = 50
f) Costo del viaje CD = 250

Con esto tenemos cubiertos todos los posibles caminos entre todos los posibles pares de ciudades.

Por otro lado, veamos ahora cuáles son los posibles itinerarios que cubran las 4 ciudades, pasando *una sola vez* por cada una y retornando a la ciudad de partida:

1) ABCDA
2) ABDCA
3) ACBDA
4) ACDBA
5) ADBCA
6) ADCBA
7) BACDB
8) BADCB
9) BCADB
10) BCDAB
11) BDACB
12) BDCAB
13) CABDC
14) CADBC
15) CBADC
16) CBDAC
17) CDABC
18) CDBAC
19) DABCD
20) DACBD
21) DBACD
22) DBCAD
23) DCABD
24) DCBAD

Todo lo que hay que hacer ahora es escribir los precios de los trayectos, y hacer las sumas correspondientes:

	AB	BC	CD	DA
1-ABCDA	AB = 100	BC = 300	CD = 250	DA = 200
2-ABDCA	AB = 100	BD = 50	DC = 250	CA = 150
3-ACBDA	150	300	50	200
4-ACDBA	150	250	50	100
5-ADBCA	200	50	300	150
6-ADCBA	200	250	300	100
7-BACDB	100	150	250	50
8-BADCB	100	200	250	300
9-BCADB	300	150	200	50
10-BCDAB	300	250	200	100
11-BDACB	50	200	150	300
12-BDCAB	50	250	150	100
13-CABDC	150	100	50	250
14-CADBC	150	200	50	300
15-CBADC	300	100	200	250
16-CBDAC	300	50	200	150
17-CDABC	250	200	100	300
18-CDBAC	250	50	100	150
19-DABCD	200	100	300	250
20-DACBD	200	150	300	50
21-DBACD	50	100	150	250
22-DBCAD	50	300	150	200
23-DCABD	250	150	100	200
24-DCBAD	250	300	100	200

Es decir que se tienen en total 24 posibles itinerarios, con los siguientes costos:

Viaje	Costo	Viaje	Costo
1	850	2	550
3	700	4	550
5	700	6	850
7	550	8	850
9	700	10	850
11	700	12	700
13	550	14	700
15	850	16	700
17	850	18	550
19	850	20	700
21	550	22	700
23	700	24	850

El itinerario que habría que elegir es cualquiera de los que cuestan 550. Obviamente, en este caso el problema es de muy fácil solución. ¿Dónde está la dificultad, entonces? Falta muy poco para descubrirla, pero en lugar de escribirla yo, preferiría que lo hiciéramos juntos.

Hasta acá vimos que con 4 ciudades, hay 24 caminos posibles para analizar. Supongamos ahora que en lugar de 4 ciudades, hay 5. ¿Cuántos caminos posibles habrá? (Acá estará la clave.) Una vez elegida la primera ciudad del recorrido (cualquiera de las 5), ¿cuántas posibilidades quedan para la segunda ciudad? Respuesta: cualquiera de las 4 restantes. Es decir que, nada más que para recorrer las primeras 2 ciudades, hay ya 20 posibles maneras de empezar:

AB, AC, AD, AE, BA, BC, BD, BE, CA, CB, CD, CE, DA,
DB, DC, DE, EA, EB, EC y ED.

¿Y ahora? ¿Cuántas posibilidades hay para la tercera ciudad? Como ya elegimos 2, nos quedan 3 para elegir. Luego, como ya teníamos 20 maneras de empezar, y cada una de éstas puede seguir de 3 formas, con 3 ciudades tenemos 60 formas de empezar. (¿Advierte ya dónde empieza a estar la dificultad?)

Para la cuarta ciudad a elegir, ¿cuántas posibilidades quedan? Respuesta: 2 (ya que son solamente 2 las ciudades que no hemos utilizado en el itinerario trazado hasta ahora). Luego, para cada una de las 60 formas que teníamos de empezar con 3 ciudades, podemos continuar con *2 ciudades*. Luego, tenemos 120 itinerarios con 4 ciudades.

Y ahora, para el final, no nos queda *nada* para elegir, porque de las 5 ciudades que había, ya hemos seleccionado 4: la quinta es elegida por descarte, porque es la única que queda. Moraleja: tenemos 120 itinerarios.

Si relee lo que escribimos recién, verá que al número 120 llegamos multiplicando los primeros cinco números naturales:

$$120 = 5 . 4 . 3 . 2 . 1$$

Este número se conoce con el símbolo *5!*, y no es que se lea con gran admiración, sino que los matemáticos llamamos a este número el *factorial* de 5. En el caso que estamos analizando, el 5 es justamente el número de ciudades.[17] Es fácil imaginar lo que

---

[17] Se le da un nombre a esta operación, que resulta de multiplicar los *primeros n números naturales (el factorial de 'n')*, porque es una situación que aparece muchas veces cuando uno tiene que *contar conjuntos finitos*. O sea, tiene sentido *llamar de alguna manera al producto de los primeros números naturales*. Por ejemplo:

$$3! = 3 . 2 . 1 = 6$$
$$4! = 4 . 3 . 2 . 1 = 24$$
$$5! = 5 . 4 . 3 . 2 . 1 = 120$$
$$10! = 10 . 9 . 8 . 7 . 6 . 5 . 4 . 3 . 2 . 1 = 3.628.800$$

pasará si en lugar de tener 5 ciudades, se tienen 6 o más. El número de caminos posibles será:

$$6! = 6 . 5 . 4 . 3 . 2 . 1 = 720$$

7 ciudades, 7! = 5.040
8 ciudades, 8! = 40.320
9 ciudades, 9! = 362.880
10 ciudades, 10! = 3.628.800

Y paro acá. Como habrá deducido, el total de rutas posibles que habría que analizar con sólo 10 ciudades es de ¡más de 3.600.000! La primera conclusión que uno saca es que el factorial de un número aumenta muy rápidamente a medida que uno avanza en el mundo de los números naturales.

Imagine que un viajante de comercio necesita decidir cómo hacer para recorrer las capitales de las 22 provincias argentinas, de manera tal que el costo sea el menor posible. De acuerdo con lo que vimos recién, habría que analizar:

1.124.000.727.777.610.000.000 rutas posibles
(más de 1.100 trillones)

Por lo tanto, se advierte que para resolver este problema hace falta una computadora ciertamente muy potente. Y aun así, este ejemplo (el de las 22 capitales) es muy pequeño...

Creo que ahora queda claro que la dificultad no reside en hacer las cuentas ni en el método a emplear. ¡Ésa es la parte fácil! Hay que sumar y luego comparar. No; el problema, insalvable por ahora, es que hay que hacerlo con muchísimos números, un número *enorme*, que aun en los casos más sencillos, de pocas ciudades, parece inabordable.

La idea es tratar de encontrar alguna manera de encontrar la ruta más barata sin tener que realizar todos esos cálculos. Ya con 100 ciudades se sabe que el número de itinerarios posibles es tan grande que ni siquiera las computadoras más poderosas pueden procesarlo. Hay varios casos particulares que fueron resueltos, pero, en esencia, el problema sigue *abierto*.

Un último comentario: con los actuales modelos de computación, el problema no parece que tenga solución. Hará falta, entonces, que aparezca alguna nueva idea que revolucione todo lo conocido hasta ahora.

La matemática es un juego (¿o no?)

Alicia sonrió: "No tiene sentido que pruebe", dijo, "uno no puede creer en cosas imposibles". "Me atrevo a decir que no has intentado lo suficiente", dijo la reina. "Cuando yo era joven, lo intentaba al menos media hora por día. Incluso, hubo días en que me creí hasta seis cosas imposibles antes del desayuno". "¿Por dónde tendría que empezar?", preguntó. "Empieza por el principio", dijo el rey, "y detente cuando llegues al final".

LEWIS CARROLL, *Alicia en el País de las Maravillas*

Teoría de Juegos. Estrategia (una definición)

¿Qué es el *pensamiento estratégico*? Esencialmente se trata de cómo podemos diseñar la interacción con otras personas, que propondrán situaciones que deberemos imaginar y contrarrestar, y a la vez, nosotros ofreceremos las nuestras tratando de *ganar*. Alguien, además de nosotros, estará pensando igual que nosotros, al mismo tiempo que nosotros, acerca de la misma situación que nosotros. Si se tratara de un partido de fútbol, el director técnico rival es el que preparará las jugadas que piensa servirán para contrarrestar las jugadas que él cree que nosotros presentaremos en el transcurso de un partido. Por supuesto, así como tenemos que considerar qué es lo que el otro jugador está pensando, él, a su vez, tiene que considerar lo que *nosotros* estamos pensando.

Justamente, la Teoría de Juegos es el análisis o la ciencia (como prefieran) que estudia cómo optimizar ese tipo de *toma de decisiones* de acuerdo con un comportamiento racional.

Uno puede decir que actúa con racionalidad cuando

- piensa cuidadosamente antes de actuar;
- es consciente de sus *objetivos y preferencias*;
- conoce sus *limitaciones*;
- sabe cuáles son las *restricciones*;
- elige sus acciones de forma calculada para conseguir lo mejor de acuerdo con *su* criterio.

La Teoría de Juegos agrega una nueva dimensión al comportamiento racional, esencialmente porque enseña a pensar y a actuar en forma *educada*,[18] cuando uno tiene que enfrentarse con otras personas que usan las mismas herramientas. Esta teoría no sostiene que enseñará los secretos de cómo jugar "a la perfección", ni garantiza que uno nunca va a perder. Ni siquiera tendría sentido pensarlo así, teniendo en cuenta que tanto nosotros como nuestro oponente podríamos estar leyendo el mismo libro, y ambos no podemos ganar al mismo tiempo.

Pero más allá de esta obviedad, lo más importante es advertir que la mayoría de estos juegos es lo suficientemente compleja y sutil, y la mayoría de las situaciones involucra decisiones basadas en la idiosincrasia de las personas o en elementos azarosos; por lo tanto, la Teoría de Juegos no puede (así como ninguna otra teoría podría hacerlo) ofrecer una receta infalible para el éxito. Lo que *sí* provee son algunos principios generales para aprender a interactuar con una estrategia. Uno tiene que suplementar esas ideas y esos métodos de cálculo con tantos detalles como le sea posible, de manera tal de dejar librado al azar lo

---

[18] En el sentido de que se actuará de acuerdo con lo aprendido y planificado, no por "moral y buenas costumbres".

menos posible, y de esa forma diseñar la mejor estrategia, o una muy buena estrategia.

Los mejores estrategas mezclan la ciencia que provee la Teoría de Juegos con su propia experiencia. Un análisis correcto de cualquier situación involucra también aprender y describir todas las limitaciones.

Se puede pensar que uno, en algún sentido, ya es un artista, y adquirió lo que necesitaba saber a través de la experiencia. Sin embargo, la Teoría de Juegos ofrece un ángulo científico que sólo sirve para agregar más elementos de juicio. Más aún: es una manera de sistematizar muchos principios generales que son comunes en muchos contextos o aplicaciones. Sin estos principios generales, uno tendría que empezar todo de nuevo ante cada nueva situación que requiera de una estrategia. Y eso sería, ciertamente, una pérdida de tiempo.

600 soldados, el general y la Teoría de Juegos

En el libro *Judgement under Uncertainty* (*Juicio ante la Incertidumbre*), de Tversky y Kahneman, aparece un problema que requiere tomar una decisión en una situación crítica. De hecho, los dos autores, ambos psicólogos, plantean una disyuntiva cuya resolución, como veremos, depende de cómo sea presentada. En realidad, como acabamos de ver, hay una rama de la matemática, conocida con el nombre de Teoría de Juegos, que analiza este tipo de situaciones.

Supongamos que hay un general que lidera un grupo de 600 soldados. De pronto, su gente de inteligencia le advierte que están rodeados por un ejército, y que vienen con la intención de *matarlos a todos* (los soldados).

Como el general había estudiado las condiciones del terreno antes de estacionarse en ese lugar, más la información que le suministraron sus espías, sabe que le quedan dos alternativas, o mejor dicho, dos caminos de escape:

a)   Si *toma el primer camino*, salvará a 200 soldados.

b)   Si *toma el segundo camino*, la probabilidad de salvar a los 600 es de 1/3, mientras que la probabilidad de que *ninguno* llegue a destino es de 2/3.

¿Qué hacer? ¿Qué ruta tomar?

Aquí, le propongo realizar una pausa. Lo invito a que piense qué haría en una situación semejante. ¿Qué camino elegiría? Una vez que haya releído el problema y haya tomado una decisión *imaginaria,* lea lo que sigue, con lo que se *sabe estadísticamente* qué haría la mayor parte de la gente.

Ahora sigo. Se sabe que 3 de cada 4 personas, o sea el 75 por ciento, dice que tomaría el camino *uno,* y el argumento que dan es que si optaran por el dos, la probabilidad de que mueran *todos* es de 2/3.

Hasta acá, todo es comprensible. Más allá de lo que hubiera decidido usted en esa misma disyuntiva, ésos son los datos que recolectaron los científicos. Sin embargo, mire cómo las respuestas *cambian dramáticamente* cuando las opciones son presentadas de diferente manera.

Supongamos que ahora se plantearan estas dos alternativas de *escape*:

a)   Si uno toma el *primer camino,* sabe que *se mueren* 400 de los 600 soldados.

b)   Si uno toma el *segundo camino*, sabe que la probabilidad
de que se *salven todos* es de 1/3, mientras que la probabilidad de que *se mueran todos* es de 2/3.

¿Qué ruta tomaría?

Otra vez, vale la pena pensar qué haría uno y luego con-
frontar con las respuestas que ofrecerían nuestros semejantes.

La mayor parte de la gente (4 sobre 5, o sea el 80 por ciento), cuando le plantearon el problema de esta forma, optó por
el *segundo camino*, y el argumento que daba es que elegir el camino uno significaba condenar a 400 soldados a una muerte segu-
ra, mientras que, si elegía el *segundo camino*, al menos existía un
1/3 de posibilidades de que se salvaran todos.

Las dos preguntas plantean el mismo problema de *manera
diferente*. Las distintas respuestas obedecen sólo a la forma en
que fue planteado el problema. Es decir, depende de en qué *términos* esté puesto el mayor énfasis, si en cuántas vidas se sal-
van o en cuántas personas van a morir con seguridad.

Dilema del prisionero

Uno de los problemas más famosos en la Teoría de Juegos
es el que se conoce con el nombre del "Dilema del prisionero".
Hay muchísimas versiones y cada una tiene su costado atractivo.
Elijo una cualquiera, pero las otras son variaciones sobre el
mismo tema. Aquí va.

Dos personas son acusadas de haber robado un banco en
Inglaterra. Los ladrones son apresados y puestos en celdas sepa-
radas e incomunicados. Ambos están más preocupados por evi-

tar un futuro personal en la cárcel que por el destino de su cómplice. Es decir, a cada uno le importa más conservar *su propia libertad,* que la de su cómplice.

Interviene un fiscal. Las pruebas que reúne son insuficientes. Necesitaría una confesión para confirmar sus sospechas. Y aquí viene la clave de todo. Se junta con cada uno de ellos y les plantea (por separado) la siguiente oferta:

–Usted puede elegir entre confesar o permanecer callado. Si confiesa y su cómplice no habla, yo retiro los cargos que tengo contra usted, pero uso su testimonio para enviar al otro a la cárcel por diez años. De la misma forma, si su cómplice confiesa y es usted el que no habla, él quedará en libertad y usted estará entre rejas por los próximos diez años. Si confiesan los dos, los dos serán condenados, pero a cinco años cada uno. Por último, si ninguno de los dos habla, les corresponderá sólo un año de cárcel a cada uno porque sólo los podré acusar de un delito menor por portación de armas.

"Ustedes deciden –le dice a cada uno por separado–. Eso sí, si quieren confesar, deben dejar una nota con el guardia que está en la puerta antes de que yo vuelva mañana. –Y se va.

Este problema fue planteado en 1951 por Merrill M. Flood, un matemático inglés, en cooperación con Melvin Dresher. Ambos actuaron estimulados por las aplicaciones que este tipo de dilemas podrían tener en el diseño de estrategias para enfrentar una potencial guerra nuclear. El título "Dilema del prisionero" se le debe a Albert W. Tucker, profesor en Princeton, quien trató de adaptar las ideas de los matemáticos para hacerlas más accesibles a grupos de psicólogos.

Se han hecho –y se continúan haciendo– muchos análisis y comentarios sobre este dilema, por lo que lo invito, antes de seguir leyendo, a pensar un rato sobre el tema.

En definitiva, se trata de ilustrar, una vez más, el conflicto entre el interés individual y el grupal.

- ¿Qué haría si estuviera en la posición de cada uno de ellos?
- ¿Cuál cree que es la respuesta que dieron ellos en ese caso?
- ¿Qué cree que haría la mayoría en una situación similar?
- ¿Encuentra algunas similitudes con situaciones de la vida cotidiana en las que usted estuvo involucrado?

Está claro que los sospechosos tienen que reflexionar sin poder comunicarse entre ellos. ¿Qué hacer? La primera impresión es que la mejor solución es no confesar y pasar –cada uno– un año en la cárcel. Sin embargo, desde el punto de vista de cada individuo, la mejor solución es *confesar*, haga lo que haga la otra persona.

Claro, si el otro opta por el silencio, quien confiesa queda libre y su cómplice va preso por diez años. En cambio, si el otro confiesa también, los dos tendrán que pagar con cinco años de cárcel. Pero, ¿valdrá la pena quedarse en silencio? ¿Tendrá sentido correr el riesgo de *no hablar*?

Desde el punto de vista del "juego solidario", de "cómplices unidos en la desgracia", si uno *supiera* que el otro no va a hablar, ambos pagarían con sólo un año de cárcel. Pero a poco que el otro hable y rompa el idilio del juego en equipo, quien no habló quedará preso *diez años*.

Por supuesto, no hay una respuesta única a este dilema. Y está bien que así sea, porque, si no, no serviría para modelar situaciones reales que podríamos vivir en nuestra vida cotidiana. En un mundo solidario e ideal, la mejor respuesta es callarse la boca, porque uno *sabría* que el otro va a hacer lo mismo. La situación requiere *confianza y cooperación*.

La "estrategia dominante" en este caso, la que contiene el menor de los males posibles, independientemente de lo que haga el otro, es *confesar.*

La Teoría de Juegos establece que, en la mayoría de los casos, los jugadores seguirán esta *estrategia dominante.*

¿Qué haría usted? No se lo diga a nadie, sólo piénsenlo. ¿Confesaría?... ¿Está seguro?

La banda de Moebius. Un desafío a la intuición

No, la banda no tiene que ver con lo que usted está pensando. Se la llama *banda* o *cinta* sin embargo, desde que fue descubierta por Moebius, hace más de ciento cincuenta años, presenta un curioso desafío a la intuición.

Con todo, para aquellos que no la conocen (a la cinta de Moebius), será una forma más de ver cómo se puede *hacer matemática* sin que haya cuentas ni cálculos involucrados. Si lo convenzo, paga doble... Más allá de la broma, por supuesto que los números y los cálculos son necesarios, pero no son imprescindibles para ligarlos con la matemática misma. Las *ideas* también están en otro lado: la sal, la pimienta, el orégano y la páprika son muy útiles para cocinar, aunque no *son* "la" comida. Lo que viene ahora es uno de los platos principales. Obviamente, no es el único, ni mucho menos. Pero es uno entre tantos...

Necesito de su complicidad: ¿tiene tiempo de pensar un rato? Más aún: ¿tiene tiempo para jugar mentalmente un rato? Si realmente se quiere entretener, consígase un papel relativamente grande (puede incluso usar una hoja completa del diario, después de haberla leído, claro) para fabricarse un cinturón o una "vincha", por ponerle algún nombre, un lápiz o marcador y una tijera. Funciona aun mejor si consigue un papel que sea de un color diferente de cada lado.

No es imprescindible que tenga todo eso, porque abajo aparecen algunos dibujos que evitan las manualidades, si es que uno afina su capacidad para pensar. En cualquier caso, allá voy.

Imagínese un cinturón entonces, pero sin hebilla. ¿Alguna vez se puso uno *al revés*? Seguro que la respuesta es afirmativa. Usted coincidirá conmigo en que para que haya un *revés* tiene que haber un *derecho*. Es decir, aunque uno no presta atención (y lo bien que hace) cada vez que tiene un anillo o un cinturón o una vincha, hay un lado que es considerado el de *adentro* y otro, el lado de *afuera*.

Ahora, imagínese que vamos a construir uno de esos cinturones, pero de papel. Uno corta una tira de papel larga y luego *pega los extremos*, como se ve en la figura 1. Es decir, uno *dobla* el papel y hace coincidir los lados A y B.

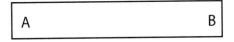

Figura 1

De esa forma, tiene un cinturón (sea generoso conmigo, es sólo un ejemplo). Ahora bien: cuando uno fabrica el cinturón, como decía antes, hay un lado que es el de *afuera* y otro que es el de *adentro*. Ahora tome la cinta del extremo A y dóblela como se ve en la figura 2. No la rompa, sólo tuérzale 180 grados uno de los extremos.

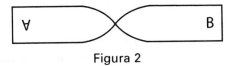

Figura 2

Una vez hecho esto, pegue los extremos tal como están, como se ve en la figura 3. Es decir que los pega como cuando hacía el cinturón, pero uno de los extremos está dado vuelta.

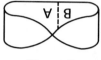

Figura 3

Ahora ya no tiene un cinturón en el sentido clásico. Queda otra superficie. Distinta. Si uno la quiere enderezar, no puede, salvo que la rompa. Tratemos de descubrir en esa nueva superficie el adentro y el afuera. Inténtenlo solo/a. Trate de descubrir *cuál de los dos lados es el de adentro y cuál el de afuera.*

Créame que la gracia de todo esto es que usted descubra algo por sus propios medios. Por supuesto que es válido que siga leyendo, pero ¿por qué privarse del placer de investigar sin buscar la solución?

Lo que sucede (sigo yo), es que la nueva superficie no tiene dos lados como el cinturón. Ahora, ¡tiene uno solo! Es un hecho hipernotable, pero esta nueva cinta es la que se conoce con el nombre de *Cinta de Moebius* (o de Möbius). Esta superficie fue descubierta por un matemático y astrónomo alemán, August Fernand Moebius, en 1858 (aunque también hay que darle crédito al checo Johann Benedict Listing, ya que varios dicen que fue él quien escribió primero sobre ella, aunque tardó más tiempo en publicarlo).

Moebius estudió con Gauss (uno de los más grandes matemáticos de la historia) e hizo aportes en una rama muy nueva de la matemática, como era –en aquel momento– la *topología*. Junto con Riemann y Lobachevsky crearon una verdadera revolución en la geometría, que se dio a conocer como *no-euclideana*.

Antes de avanzar, me imagino que se estará preguntando para qué sirve una cinta así... Parece un juego, pero téngame un poquito más de paciencia. Tome la cinta una vez más. Agarre un lápiz, o un marcador. Empiece a hacer un *recorrido* con el lápiz yendo en cualquiera de las dos direcciones, como si quisiera recorrerla toda en forma longitudinal. Si uno sigue con cuidado y paciencia, descubre que, sin haber tenido que levantar el lápiz, vuelve al mismo lugar, habiendo pasado por las *supuestas* dos caras. Eso, en un cinturón (o en algo equivalente) es imposible. En cambio, en la cinta de Moebius, sí, se puede. Es más: usted, pudo.

Ahora tome uno de sus dedos índice. Comience a recorrer la cinta por el borde. Si uno hiciera lo mismo con un cinturón, digamos con la parte de *arriba*, daría una vuelta completa y volvería al mismo lugar, pero obviamente no pasaría por la parte de abajo. Con la cinta de Moebius, en cambio, sí: contra lo que indicaría la intuición, la banda de Moebius tiene una sola cara y un solo borde. *No hay ni adentro ni afuera, ni arriba ni abajo.* Para los matemáticos, pertenece a las llamadas *superficies no orientables*.

Sigo un poco más. Tome una tijera. Haga un corte longitudinal por la mitad, como indica la figura 4. ¿Qué pasó? ¿Qué encontró? Si no tiene una tijera, hágalo mentalmente y cuénteme lo que descubre.

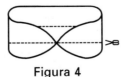

Figura 4

Lo que sucede es que, en lugar de separarse en dos, queda una sola cinta pero ahora *ya no es más una banda de Moebius:* quedó como un cinturón común y corriente, más largo que el original, con dos lados y dos bordes, *pero doblado dos veces.* Y si la vuelve a cortar por la mitad, ahora sí se obtienen dos cintas enrolladas una alrededor de la otra. Y si tiene ganas de hacer más pruebas, intente realizando un corte longitudinal sólo que en lugar de hacerlo por la mitad, como recién, hágalo a *un tercio* de uno de los bordes de la banda de Moebius, y vea qué pasa.

ALGUNAS APLICACIONES

En algunos aeropuertos ya hay bandas de Moebius para las cintas que transportan los equipajes o la carga. Esto implica el uso parejo y regular de los dos lados aunque ahora sabemos que, en este tipo de superficies, no podemos hablar *en plural sino en singular: ¡hay un solo lado!* Sin embargo, el aprovechamiento es doble, igual que el rendimiento, y el desgaste se reduce a la mitad. Es decir: este tipo de cintas tiene una vida que duplica las comunes. Por las mismas razones, también las usan las grandes empresas de transporte de carga y de correos.

Otra aplicación: en los casetes de audio, de los que se usan en los grabadores comunes pero que entran en una especie de *loop* o lazo, la cinta está enrollada como una cinta de Moebius. En ellos, se puede grabar de los dos "lados" y es obvio el aprovechamiento mayor de su capacidad.

En ciertas impresoras que funcionan a tinta o en las viejas máquinas de escribir, la cinta que va dentro del cartucho está enrollada formando una banda de Moebius. De esa forma, igual que en los ejemplos anteriores, la vida útil se duplica.

En la década del 60, los Laboratorios Sandi usaron bandas de Moebius para diseñar algunos componentes electrónicos.

En el arte, un candidato natural a usar las bandas de Moebius debería ser M. C. Escher (1898-1972), el increíble y revolucionario artista gráfico holandés que conmovió al mundo con sus dibujos, litografías y murales, por sólo nombrar algunos aspectos de su obra. Y aquí la intuición no falla. En muchas de sus litografías aparece la cinta de Moebius, en particular en una en la que hay hormiguitas circulando sobre una de esas bandas.

Aparece también en historias de ciencia ficción: las más conocidas son *El muro de oscuridad* (*The Wall of Darkness*, de Arthur Clarke) *y Un subte llamado Moebius*.

Por último, una curiosidad más: Elizabeth Zimmerman diseñó unas bufandas aprovechando las cintas de Moebius e hizo una fortuna con sus tejidos.

El interés en las bandas de Moebius no pasa sólo por sus aplicaciones, reales o potenciales. Pasa por la imaginación y el descubrimiento de algo que, *ahora*, parece sencillo y obvio. Hace un poquito más de un siglo y medio, no lo era. Y, como escribí al principio, también es producto de *hacer matemática*.

Problema del tablero de ajedrez

Imaginemos un tablero de ajedrez común y corriente. Es fácil observar que tiene 64 casillas, de las cuales 32 son blancas y las otras 32, negras.

Supongamos, además, que tenemos 32 fichas de dominó.

Ahora bien. ¿Está claro que con las 32 fichas de dominó uno puede cubrir el tablero de ajedrez sin que quede ninguna casilla libre? Yo creo que sí, pero lo invito a pensar alguna forma

de hacerlo. Si no se le ocurre ninguna (lo cual creo ciertamente poco posible), ponga en forma horizontal cuatro fichas de
dominó, hasta cubrir la primera fila. Haga lo mismo con la segunda fila y repita el proceso para todas las demás, de manera que
el tablero quede totalmente cubierto por las fichas de dominó.
Claro que cada ficha sirve para cubrir exactamente *dos* casillas
del tablero, independientemente de que uno las ponga en forma
vertical u horizontal. Hasta acá, una pavada.

Supongamos ahora que un buen señor viene con una tijera
y *recorta* los dos casilleros de las puntas de una de las diagonales. Es decir: el tablero tiene dos diagonales (que serían las diagonales del cuadrado). El señor *saca* los dos casilleros que están
en las puntas de *una* de las diagonales, cualquiera de las dos.
Ahora el tablero tiene 62 casillas. Esto también tiene que ser
claro, porque originariamente había 64, y como recortó dos, quedan 62 casillas. Como teníamos 32 fichas de dominó y con ellas
cubríamos el tablero de 64 casillas, ya no necesitamos las 32
fichas porque ya no hay tantas casillas. Eliminamos una de las
fichas y nos quedamos con 31.

La cuestión es si ahora se puede encontrar alguna manera de
cubrir el tablero con esas 31 fichas. (Las reglas son las mismas.
Es decir, cada ficha de dominó puede ser utilizada en forma vertical u horizontal.)

Vale la pena pensar el problema, sobre todo porque el desafío es el siguiente: si se puede, muestre al menos una manera de
hacerlo. En cambio, si cree que *no se puede*, entonces, deberá
encontrar alguna razón que *demuestre* que no hay ninguna forma
de hacerlo. Es decir, encontrar algún argumento que *sirva para
convencerse* de que, sea cual fuere, la estrategia que uno utilice,
fracasará *siempre*.

SOLUCIÓN:

La respuesta es que *no se puede*. No importa lo que uno haga, no importa el tiempo que invierta, ni la paciencia que tenga, ni la destreza que involucre. No alcanzará nunca. Ahora bien: ¿por qué?

Acompáñeme a pensar un argumento que lo demuestre.

Como quedaron 62 casillas en el tablero, si se fija, al haber sacado las dos de las puntas de una diagonal, eso significa que o bien hay dos casillas negras menos, o bien hay dos casillas blancas menos. Luego, si bien el tablero tiene 62 casillas, ahora ya no están repartidas de la misma manera como en el tablero original, que tiene el mismo número de blancas que de negras: o hay 32 negras y 30 blancas, o 32 blancas y 30 negras. En todo caso, el número de blancas y negras ya no es más igual. Y ésta es la clave en el argumento que sigue.

Cualquier intento que uno haga con las fichas de dominó, al apoyar una en el tablero, sea en forma vertical u horizontal, esa ficha siempre cubrirá una casilla blanca y otra negra. Luego, si hubiera alguna manera de distribuir las 31 fichas de dominó, éstas cubrirían 31 casillas blancas y 31 negras. Y sabemos que eso es imposible, porque no hay la misma cantidad de negras y blancas. (Doy por sobreentendido que cuando uno apoya una ficha en el tablero, lo hace de forma tal que cubre una casilla blanca y otra negra.)

Más allá de la solución del problema, lo que pretendo con este ejemplo es invitarlo a reflexionar que, si uno intenta, por la fuerza bruta, tratar de forzar a mano la distribución de las fichas, no sólo tropezará con la dificultad de que no va a poder, sino que intentando con casos particulares y fallando ¡no demuestra nada!

En cambio, el argumento que utilicé más arriba es contundente. ¡No se puede! Y nadie va a poder, porque las 31 fichas de dominó deben cubrir la misma cantidad de blancas que de negras (31 en cada caso) y el nuevo tablero *no las tiene*.

Pensar ayuda, obviamente. Pero si no se le ocurrió, no pasa nada. No es ni mejor ni peor persona. Ni más capaz ni menos. Sólo que todo esto sirve para entrenarnos a pensar. Una pavada, ciertamente...

Truelo

Supongamos que uno tiene –en lugar de un *duelo* entre dos personas– un *truelo*, que sería un enfrentamiento entre *tres* personas armadas. Ganar el truelo significa eliminar a los otros dos adversarios. Supongamos que las tres personas se llaman A, B y C.

Se van a ubicar en los vértices de un triángulo equilátero, es decir, que tiene los tres lados iguales, como muestra la figura 1.

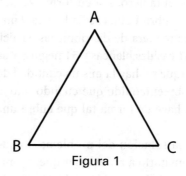

Figura 1

Se sabe que cada vez que tira A, acierta el 33 por ciento (*) de las veces (una de cada tres). Cada vez que tira B, acierta el 66 por ciento de las veces (dos de cada tres). En cambio, la puntería de C es infalible. Cada vez que tira, acierta.

El truelo consiste en que cada uno tire una vez, empezando por A (ya que es la ventaja que le da el resto, teniendo en cuenta que es el peor tirador), luego seguirá B y por último C. El orden establecido se mantiene siempre: A, luego B y después C.

¿Cuál es la mejor estrategia para A?

Es decir, lo estoy invitando a pensar qué es lo que más le convendría hacer *al tirador* con su primer tiro.

SOLUCIÓN:

Para saber qué le conviene hacer a A con su primer tiro, analicemos las consecuencias que tendrían, para él, los tres posibles caminos:

1) tirarle a B con la idea de matarlo;
2) tirarle a C con la idea de matarlo;
3) tirar a errar (a cualquiera de los dos). (Quizás usted *no pensó* en esta posibilidad.)

Claramente, si A tira a matar, le conviene tirarle a C, ya que si le tira a B y acierta, quedarán enfrentados A y C, y le toca tirar a C porque B está muerto.

El mejor escenario posible corresponde al segundo camino: A mataría a C y quedarían enfrentados con B, quien ahora debe tirar. (*)

En cambio, si A elige la tercera posibilidad, veamos qué sucede: quedan los tres vivos como al principio, y ahora el tiro lo tiene B.

¿Qué puede hacer B? No puede darse el lujo de A de tirar a errar, porque sabe que si no mata a C, en el próximo tiro, C va a tratar de matar a quien tiene más posibilidades en la pró-

xima ronda (esto es, tirarle a B). Por lo tanto, B no puede tirar
a errar. Tiene que tirar a matar, y debe intentar matar a C.

Si B mata a C, entonces quedan enfrentados A y B, pero A
tiene el primer tiro otra vez. (**) Si B *no mata a C*, entonces quedan enfrentados los tres, pero le toca a C, que, por supuesto,
acierta siempre y le tiene que tirar a B porque le conviene eliminar al que mayor riesgo representa a él.

MORALEJA: B mata a C, y quedan vivos A y C, pero A tiene
el primer tiro otra vez. (***)

Luego, como se ve, considerando (*), (**) y (***), la mejor
estrategia para A es tirar a errar en el primer tiro.[19]

El juego del "numerito"

Cuando era chico, mi padre me enseñó un juego muy diver-
tido. Lo jugamos muchísimas veces y consumíamos el tiempo
entretenidos, pensando. Más tarde, con el correr del tiempo (y
el fallecimiento de mi querido viejo), sólo lo jugué con algunas
personas y amigos, pero en quien más prendió fue en Víctor
Hugo (Morales). Con él también lo jugué muchísimo, en nuestros infinitos viajes en avión y en las largas esperas en hoteles,
aeropuertos, durante los campeonatos del mundo o, incluso, en
viajes en auto. El juego consiste en que cada participante elija
cuatro de los diez dígitos posibles, sin repetir, y los anote en alguna parte. Como el orden en que estén escritos *importa*, no es lo
mismo haber elegido

---

[19] En realidad, acertar uno de tres tiros *no* es exactamente lo mismo que el
33 por ciento, de la misma forma que acertar dos de tres *no* es exactamente el
66 por ciento. A los efectos del ejemplo, preferí *redondear* los números, y espero
que el lector sea *generoso* con esta aproximación también

1 2 3 4

que

4 1 3 2

Si bien los números son los mismos, la posición en la que aparecen los distingue. Digamos, para fijar las ideas, que yo elijo

1 4 2 5

y los anoto. A su vez, el otro jugador, eligió (sin que yo lo sepa, ni que él vea los míos)

0 7 2 6

El objetivo del juego es, naturalmente, descubrir el número (o el "numerito" como lo solía llamar mi padre) que tiene el rival.

Empieza alguno de los dos (y se verá después que ser el primero se compensa con lo que puede hacer el otro) diciendo un posible número de cuatro cifras que supone tiene su rival.

Obviamente, si uno acierta con este intento, abandona el juego inmediatamente y vuela a Las Vegas y Montecarlo. Luego de comprar ambas ciudades, vuelve a su país de origen como Rey del Universo. Para eso, tiene que probar que siempre puede acertar el número que eligió el otro, sea el que sea.

Bromas aparte, uno tiene que empezar con algún número y, por eso, elige *tentativamente*.

Digamos que empezó mi rival, y eligió decir:

8 4 7 2

Como el número que yo elegí es el 1 4 2 5, le contesto que tiene uno *bien* y uno *regular*.

¿Cómo se entiende esto? Es que él acertó con el número 4 pero además acertó la posición del 4, porque lo ubicó en el segundo lugar. Ése es el dígito que está bien, aunque no le diga cuál es. Yo sólo respondo un "bien".

¿Cuál es el *regular*? Al decir el 8 4 7 2 también acertó con el número 2, que yo elegí entre mis dígitos, pero en este caso erró la posición. Mientras que yo tengo el número 2 ubicado en la segunda posición, mi rival lo ubicó en la cuarta.

Y ahora, me toca a mí. Repito el proceso, intentando acertar con un intento. El juego continúa hasta que uno de los dos llega a descubrir el numerito del otro. Si el que llega primero es el que empezó primero, entonces el otro participante tiene un tiro, para completar ambos la misma cantidad de intentos. En cambio, si el que llega primero es el que empezó segundo, el juego termina ahí.

El problema resulta apasionante, y ofrece una multiplicidad de alternativas para pensar. No es fácil, pero tampoco difícil, y sirve de entrenamiento mental. Lo invito a que lo pruebe.

Más pedestre, y para evitar algunas cuestiones logísticas menores:

a) si alguien intenta con un número y no acierta con ninguno de los dígitos, la respuesta de la otra persona será: "Todos mal". Aunque uno no lo crea en principio, es muy provechoso empezar así, aunque más no sea porque elimina de inmediato cuatro de los diez dígitos posibles que se pueden elegir.

b) Hay veces en que uno llega a reducir las posibilidades a dos números posibles, digamos 1 4 2 5 y 1 4 2 9, por poner un ejemplo. En este caso, con el pasar del tiempo Víctor Hugo me convenció de que si alguien llega a esa situación, debería ganar, salvo que la otra persona en el tiro que le queda acierte sin tener que optar.

Como usted advierte, las reglas las establece uno. Y en principio la Corte de La Haya no ha recibido quejas, al menos, hasta la última vez que yo chequeé, que fue en septiembre de 2006.

Números naturales consecutivos

Ahora que se ha puesto de moda hablar sobre la Teoría de Juegos,[20] vale la pena plantear alguno de los problemas más característicos y atractivos que hay. El que sigue, justamente, es un desafío precioso y sutil. Es además muy interesante para pensar.[21]

---

[20] Los ganadores del Premio Nobel de Economía 2005, el israelí Robert J. Aumann y el norteamericano Thomas C. Shelling, lo consiguieron gracias a sus aportes a la Teoría de Juegos. La propia Academia Sueca, encargada de decidir a quiénes condecora, señaló: "¿Por qué algunos grupos de individuos, organizaciones o países tienen éxito en promover cooperaciones y otros sufren y entran en conflicto?

"Tanto Aumann como Schelling han usado en sus trabajos la Teoría de Juegos para explicar conflictos económicos como la batalla de precios y situaciones conflictivas que llevan –a algunos de ellos– a la guerra". Schelling dijo que no conocía personalmente al coganador, pero que mientras "él se dedica a *producir avances* en la Teoría de Juegos, yo soy quien aprovecha de lo que él hace para aplicarlo en mi trabajo. Es decir: él produce, yo uso lo que él hace".

[21] Este problema me lo contó Ariel Arbiser, un entusiasta de todo lo que tenga que ver con la Teoría de Juegos y la Lógica. Ariel me comentó que este problema se lo escuchó relatar en un curso de posgrado ("Razonando acerca del conoci-

Supongamos que hay dos personas que van a jugar al siguiente juego. A cada una se le coloca en la frente un número natural (ya sabemos que se llaman *naturales* los números 1, 2, 3, 4, 5...). Sin embargo, la particularidad es que los números van a ser *consecutivos*. Por ejemplo, el 14 y el 15, o el 173 y el 174, o el 399 y 400. Obviamente, *no* les dicen qué número tiene cada uno, pero ellos, a su vez, *pueden ver el número del otro*. Gana el juego quien es capaz de acertar qué número tiene escrito en la frente, aunque dando una explicación de por qué dice lo que dice.

Se supone que ambos jugadores razonan perfectamente y sin errores, y esto es un dato no menor: saber que los dos tienen la misma capacidad de razonamiento y que no cometen errores es crucial para el juego (aunque no lo parezca). La pregunta es: ¿será posible que alguno de los competidores pueda ganar el juego? Es decir, ¿podrá en algún momento uno de ellos decir *"yo sé que mi número es n"*?

Por ejemplo: si usted jugara contra otra persona, y viera que en la frente de su rival hay pintado un número 1, su reacción debería ser inmediata. Ya ganó, porque podría decir: "Tengo el 2". Con certeza usted podría afirmar que su número es el 2 porque, como no hay números más chicos que 1 y ése es justo el que tiene el otro competidor, usted *inexorablemente* tiene el 2. Éste sería el ejemplo más sencillo. Ahora, planteemos uno un poco más complicado.

Supongamos que la otra persona tiene pintado el 2. Si nos dejamos llevar por las reglas, en principio, no se podría decir nada con certeza, ya que podríamos tener o bien el 1 o bien el 3.

---

miento") al profesor de origen indio Rohit Parikh, quien trabaja en la City University de Nueva York. Parikh utilizó este ejemplo (entre otros) para ilustrar problemas autorreferentes del conocimiento, recurriendo incluso a *lógicas no clásicas*.

Supongamos que usted ve que la otra persona tiene pintado el 2. Si se dejara llevar por las reglas que le fueron explicadas, en principio no podría decir nada con certeza. Porque, en principio, podría tener el 1 o el 3. Sin embargo, aquí interviene otro argumento: si su rival, que es tan *perfecto* como usted, que razona tan rápido como usted, que puede elaborar ideas exactamente igual que usted, no dijo nada hasta ahí, es porque no está viendo que usted tiene el 1. Si no, ya hubiera gritado que tiene el 2. Pero como no dijo nada, eso significa que usted *no tiene el 1*. Por lo tanto, aprovechando que él no dice nada, es usted el que habla y arriesga: *yo tengo el 3*. Y cuando le pregunten: "¿Y cómo lo sabe, si está viendo que él tiene el 2? ¿Qué otros argumentos usó?", usted contestará: "Mire, yo vi que él tenía el 2, pero como no dijo nada, eso significa que yo no tenía el 1, porque, si no, él hubiera sabido inmediatamente qué número tenía". Y punto.

Es decir, en la Teoría de Juegos no importa sólo lo que hace usted, o lo que ve usted, sino que también importa (y mucho) lo que hace el otro. Aprovechando lo que hace el otro (en este caso, lo que no hizo, que es también una manera de hacer), es que usted pudo concluir qué número tenía.

Hagamos un paso más. Si usted viera que el otro tiene un 3 en la frente, entonces, eso significaría que usted, o bien tiene el 2 o el 4. Pero si tuviera el 2, y su contrincante está viendo que lo tiene pero usted no habla, no dice nada rápido, entonces, le estará indicando que él no tiene el 1. Su rival diría: *"Yo tengo el 3"*. Y ahí está el punto. Como su rival no dijo nada, eso significa que usted no tiene el 2, sino que tiene el 4. Y usted se apura y grita: *"Yo tengo el 4"*. Y gana.

Con esta misma idea, uno podría avanzar aún más y usar números cada vez más grandes. ¿Podrá ganar alguno entonces? La pregunta queda abierta.

Este tipo de argumentos (llamados *inductivos*) requieren de razonamientos hilvanados, finos y sutiles, pero todos comprensibles si uno *no* se pierde en la maraña de las letras. Le propongo, por lo tanto, que se entretenga un rato pensándolo solo.

Aunque no parezca, todo esto *también* es hacer matemática. La discusión queda centrada en cuán rápido razonan los jugadores y cuánto tiempo debería esperar para gritar su número o hacer una declaración que se base en lo que el otro no dijo o no declaró.

Uno podría suponer que lo que quedó aquí descripto es una paradoja, porque aparece como posible que sólo sabiendo el número del otro y con la regla de que ambos participantes tienen números consecutivos, uno puede deducir el número propio. Lo interesante es que los datos con los que se cuenta son más de los que uno advierte en principio. Los silencios del otro, o el tiempo que tarda en no decir lo que debería al ver el número que usted tiene, le estarán dando una información adicional. En algún sentido, es singular también cómo el conocimiento va cambiando con el paso del tiempo. En la vida real, uno debería aplicar también este tipo de razonamientos, que se basan no sólo en lo que *uno* percibe, sino también en lo que *hace (o no hace) el otro*.

Problema de los siete puentes de Königsberg

La matemática tiene mala prensa. Eso es obvio. Yo quiero empezar una campaña para modificar la percepción que hay de ella. Me gustaría que le diéramos una segunda oportunidad, una segunda chance.

Hoy por hoy, los chicos ya vienen "elegidos" de antemano: la matemática es aburrida, pesada, difícil... O en todo caso, es así sólo si la seguimos enseñando como hasta ahora. Está claro que los docentes hemos fracasado en nuestro intento de comunicarla, de transmitirla. El propósito de este libro es tratar de revertir la imagen y de mostrar ángulos distintos, otras "formas" de hacer matemática que no sean las clásicas del colegio.

Sería interesante aproximarse a ella tratando de no dar respuestas a preguntas que uno *no* se hizo, sino al revés: mostrar problemas, disfrutar de pensarlos y aun de la frustración de *no* poder resolverlos, abordarlos de modo diferente, y que sean, en todo caso, disparadores de preguntas, de nuevas conjeturas, de nuevos desafíos, hasta poder descubrir el lugar donde está escondida tanta belleza.

Quiero presentarle un problema, ingenuo si se quiere. El enunciado es muy sencillo y uno puede sentarse inmediatamente a pensarlo. Eso sí: aguántese un rato el fastidio si no le sale. Pero dedíquele un tiempo razonable, digamos, unos veinte minutos. Si le da para más, métale para adelante. Si no, puede pasar inmediatamente a la respuesta, aunque será una lástima, porque se va a perder el placer de pensar, de dudar, de frustrarse, de enojarse, de intentar de nuevo... En definitiva, se privará de gozar. Es su decisión. La solución está más abajo, y también aparece una conclusión sobre lo que es *hacer* matemática.

Todo transcurre a mediados del siglo XVIII, en Königsberg, una ciudad prusiana (devenida luego en Kaliningrado, hoy Rusia) que es atravesada por un río, el Pregel. Además, en medio del río hay dos islas. Los pobladores construyeron *siete puentes* para cruzar de una orilla a la otra, pasando por alguna de las islas. La distribución es la que se ve en el gráfico 1. Hay cuatro sectores de tierra A, B, C y D, y siete puentes, numerados del 1 al 7.

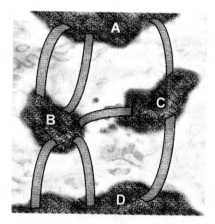

Gráfico 1

La pregunta es la siguiente: empezando en cualquier parte de la geografía, ¿es posible recorrer los siete puentes sin pasar dos veces por el mismo? Es decir, si uno se para en cualquier lugar (incluso en cualquiera de las dos islas) e intenta cruzar los siete puentes sin repetirlos, ¿se puede?

Por supuesto, la tentación mía es escribir la respuesta aquí mismo, y la tentación del lector es leer la respuesta sin pensar más que un minuto. ¿Y si lo intenta solo/a? Quizá se entretenga y valore el desafío, aunque en principio (o "en final") no le salga. Es sólo una sugerencia...

SOLUCIÓN:

El problema no tiene solución. Es decir, no sé cuánto tiempo le dedicó usted, pero en lo que sigue voy a tratar de explicar por qué no hay manera de recorrer los siete puentes sin repetir ninguno. Pero antes, voy a contar una breve historia. Mire el gráfico 2:

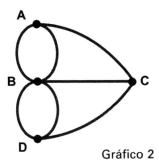

Gráfico 2

¿Puede relacionarlo con el problema anterior? Es verdad que ahora ya no hay más islas, ni puentes. Hay sólo puntos o vértices que hacen el papel de la tierra firme en el gráfico original, y los arcos que los unen son los que antes hacían el papel de puentes. Como se ve, el problema no cambió. El gráfico sí, pero en esencia todo sigue igual. ¿Cuál sería la nueva formulación del problema? Uno podría intentarlo así: "Dada la configuración del gráfico 2, ¿se puede empezar en cualquier punto o vértice y recorrerlo sin levantar el lápiz ni pasar dos veces por el mismo arco?". Si lo piensa un instante, se dará cuenta de que no hay diferencia conceptual. Una vez aceptado esto, pensemos juntos por qué *no se puede*.

Contemos el número de arcos que salen (o entran) de cada vértice.

Al vértice A llegan (o salen) tres arcos.
Al vértice B llegan (o salen) cinco arcos.
Al vértice C llegan (o salen) tres arcos.
Al vértice D llegan (o salen) tres arcos.

Es decir, en todos los casos, entran (o salen, pero es lo mismo) un número *impar* de arcos. Ahora supongamos que alguien ya comenzó el camino en alguna parte, salió de algún vértice y cayó en otro que no es ni el inicial ni el final. Si es así, entonces a ese vértice llegó por un arco y tendrá que salir por otro. Tuvo que haber usado un arco para llegar, porque sabemos que ése no es el inicial, y sabemos que tiene que usar un arco para salir, porque ése no es el final.

¿Cuál es la moraleja? Una posible es que si uno *cae* en algún vértice en el recorrido, que no es el inicial ni el final, entonces, el número de arcos que salen (o entran) tiene que ser *par*, porque uno necesita *llegar* por uno y *salir* por otro. Si eso es cierto, ¿cuántos vértices puede tener, en principio, un número de arcos que entran o salen que sea *impar*?

(Piense la respuesta... Si quiere, claro.)

La respuesta es que hay sólo *dos* vértices que pueden tener un número *impar* de arcos que entran o salen, y éstos son, eventualmente, el vértice *inicial* (que es el que uno elige para *empezar el recorrido*) y el vértice *final* (que es el que uno eligió como final del recorrido).

Como sabemos (porque ya hicimos la cuenta más arriba) que a todos los vértices llega o sale un número *impar* de arcos, entonces, el problema *no tiene solución* porque, de acuerdo con lo que hemos visto, a lo sumo *dos* de los vértices pueden tener un número *impar* de arcos que llegan. Y en nuestro caso (el de los puentes de Königsberg), todos tienen un número impar.

Varias observaciones finales

a) Proponer un modelo como el que transformó el problema original (el de los siete puentes) en un gráfico (el 2) *es hacer matemática*.

b) Este problema fue uno de los primeros que inauguró una rama de la matemática que se llama *teoría de grafos.* Y también la topología. Uno de los primeros nombres que tuvo la *teoría de grafos* fue el de *geometría de posición.* Con el ejemplo de los puentes de Königsberg se advierte que no interesan los tamaños ni las formas, sino las posiciones relativas de los objetos.

c) El problema es ingenuo, pero el análisis de por qué no se puede requiere pensar un rato. El primero que lo pensó y lo resolvió (ya que muchos fracasaron), fue un suizo, Leonhard Euler (1707-1783), uno de los matemáticos más grandes de la historia. A él se le ocurrió la demostración del teorema que prueba que no importa qué camino uno recorra, nunca tendrá éxito. Entender que hace falta un teorema que demuestre algo general, para cualquier grafo (o dibujo), también es *hacer matemática.* Es obvio que una vez que uno tropezó con un problema de estas características (véase más abajo) se pregunta cuándo se puede y cuándo no se puede encontrar un camino. Euler dio una respuesta.

d) En la vida cotidiana, tenemos ejemplos de grafos en distintos lugares, pero un caso típico son los "modelos" que se usan en todas las grandes ciudades del mundo para comunicar cómo están diseminadas las estaciones de subte y las líneas asociadas. Allí no importan las distancias sino las posiciones relativas. Los *vértices* son las estaciones, y las *aristas* son los tramos que unen las estaciones.

e) Aquí abajo aparecen algunos grafos; decida si se pueden recorrer, o no, sin levantar el lápiz y sin pasar dos veces por el mismo arco. En caso que se pueda, encuentre un trayecto. Y en caso que *no,* explíquese a usted mismo la razón.

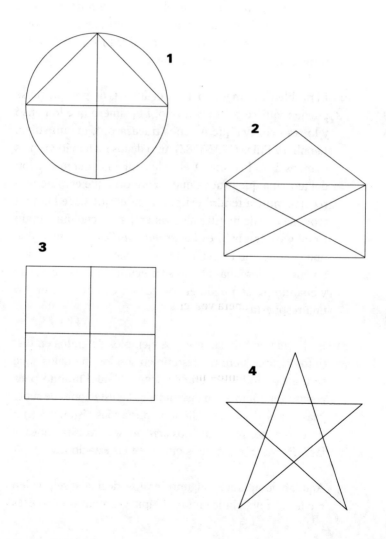

SOLUCIONES:

El dibujo 1 tiene solución, porque de todos los vértices sale (o entra) un número PAR de arcos.

El dibujo 2 tiene solución, porque hay sólo dos vértices a los cuales llega (o sale) un número IMPAR de arcos.

El dibujo 3 no tiene solución, porque hay cuatro vértices a los que llega (o sale) un número IMPAR de arcos.

El dibujo 4 tiene solución, porque hay sólo dos vértices a los cuales llega (o sale) un número IMPAR de arcos.

Polo Norte

Éste es un problema muy interesante. Estoy seguro de que mucha gente escuchó hablar de él y supone (con razón, por cierto) que puede dar una respuesta inmediata. Con todo –aun para ese grupo de personas–, le pido que siga leyendo porque se va a sorprender descubriendo que, además de la solución "clásica", hay muchas otras que quizá no se le ocurrieron. Y para quien lea el problema por primera vez, creo que va a disfrutarlo un rato. Aquí va.

Para empezar, voy a suponer que la Tierra es una esfera *perfecta,* lo cual –obviamente– no es cierto, pero a los efectos de este problema pensaremos que lo es. La pregunta, entonces, es la siguiente: ¿existe algún punto de la Tierra en el que uno se pueda parar, caminar un kilómetro hacia el sur, otro kilómetro hacia el este y luego un kilómetro hacia el norte y *volver* al lugar original?

Por las dudas, como voy a escribir la respuesta en el párrafo que sigue, si nunca lo pensó antes, éste es el momento de dete-

nerse y hacerlo; *no lea* aún lo que sigue más abajo. Gracias. Vuelva cuando quiera, que hay más...

Para aquellos que *sí* escucharon hablar de este problema, la
solución les parece inmediata. Basta colocarse en el Polo Norte,
caminar un kilómetro hacia alguna parte (forzosamente eso es
hacia el sur), luego caminar un kilómetro hacia el este (lo cual
lo hace caminar por un paralelo al Ecuador) y por último, al
caminar hacia el norte otra vez, uno recorre un trozo de meri-
diano y termina nuevamente en el Polo Norte, que es donde
había empezado.

Hasta aquí, nada nuevo. Lo que sí me parece novedoso es
que esta respuesta, que parece única, en realidad no lo es. Peor
aún: *hay infinitas soluciones.* ¿Se anima a pensar ahora por qué?

Como siempre, le sugiero que no avance si no lo pensó, porque la gracia de todo esto reside en disfrutar uno de tener un problema. Si la idea se reduce a leer el problema y la solución en
su conjunto, es como ir a ver una película de suspenso con las
luces encendidas, conociendo al asesino, o viéndola por segunda vez. ¿Qué gracia tiene?

Antes de las soluciones, me quiero poner de acuerdo en algunos nombres. Si la Tierra es una esfera perfecta, cada círculo que
uno pueda dibujar sobre ella que pase simultáneamente por el
Polo Norte y el Polo Sur, se llama *círculo máximo*. Hay, entonces, *infinitos* círculos máximos. Pero *no son los únicos*. Es decir,
hay otros círculos que se pueden dibujar sobre la superficie de
la Tierra, que son máximos, pero que no pasan ni por el Polo
Norte ni por el Polo Sur. Como ejemplo, piense en el Ecuador.

Mejor aun: imagine una pelota de fútbol. Uno podría identificar *un* polo sur y *un* polo norte en la pelota, y dibujar allí
círculos máximos. Al mismo tiempo, puede girar la pelota y fabricarse un nuevo polo norte y un nuevo polo sur. Por lo tanto,
puede graficar otros círculos máximos.

También se puede pensar en una pelotita de tenis y en gomitas elásticas. Uno advierte que tiene muchas maneras de enrollar la gomita alrededor de la pelotita. Cada vez que la gomita da una vuelta entera a la pelota (o a la Tierra), ese recorrido es un círculo máximo.

Ahora, la idea es pararse en el Polo Sur. A medida que uno va hacia el norte, los paralelos (al ecuador) son cada vez de mayor longitud. Obviamente, el ecuador mismo es el más largo. Caminamos hacia el norte hasta llegar a un paralelo que mida un kilómetro (es decir que al dar vuelta a la Tierra *caminando* por encima de ese paralelo se recorra un kilómetro). Desde ese paralelo, caminamos un kilómetro hacia el norte, por un círculo máximo, y paramos allí: ése es el punto que buscamos. ¿Por qué? Comprobémoslo.

Si uno empieza allí y recorre un kilómetro hacia el sur, cae en algún punto del paralelo que medía un kilómetro al dar toda la vuelta. Por lo tanto, cuando caminemos un kilómetro hacia el este, habremos dado una vuelta completa y caeremos en el mismo lugar. Luego, desde allí, cuando volvamos a caminar hacia el norte un kilómetro, apareceremos en el lugar de partida.

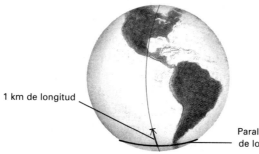

1 km de longitud

Paralelo de 1 km de longitud

Y eso no es todo. Se pueden encontrar muchos más, *infinitos* puntos más. Le propongo un camino para que desarrolle usted mismo: piense que en la solución que di recién había que encontrar un paralelo que midiera un kilómetro de longitud. Esto permitía que, cuando uno caminaba hacia el este un kilómetro, terminaba dando una vuelta entera y quedaba en el mismo lugar. Bueno, ¿qué pasaría si, saliendo del Polo Sur, en lugar de haber encontrado un paralelo que midiera *un kilómetro,* encontramos un paralelo que mida *medio kilómetro?* La respuesta es que haciendo lo mismo que en el caso anterior, al caer en ese paralelo y caminar un kilómetro, uno terminaría dando *dos vueltas* alrededor de la Tierra y volvería al punto inicial. Y como usted se imaginará, este proceso puede seguirse indefinidamente.

MORALEJA: Un problema que parecía tener una sola solución tiene, en realidad, infinitas. Y aunque parezca que no, esto *también* es hacer matemática.

Fixture (a la Dubuc)

Lo que sigue es la historia de cómo un matemático argentino resolvió un problema ligado con el fútbol y la televisión. No sé si habrá prestado atención alguna vez a un *fixture* de fútbol, la programación de todos los partidos que se juegan en el año. Un *fixture* estándar consiste en 19 fechas en las que los 20 equipos jueguen todos contra todos. Además, se supone que semana tras semana alternan su condición de local y visitante. Confeccionarlo no debería ser una tarea difícil. Sin embargo, lo invito a que lo intente para comprobar el grado de dificultad que presenta.

Este problema está resuelto (matemáticamente) hace ya mucho tiempo (con la salvedad de que los equipos tengan que repetir *una única vez su condición de local o visitante*). Desde que se juega fútbol en la Argentina siempre se han podido hacer los ajustes necesarios para que, por ejemplo, Racing e Independiente no jueguen de local en la misma fecha, y lo mismo los dos equipos de Rosario, La Plata o Santa Fe.

Pero la televisión cambió todo. Cuando los partidos se jugaban todos el día domingo (sí, aunque parezca mentira, antes todos los partidos se jugaban los domingos a la misma hora, pero eso correspondía a otra generación de argentinos), todo era relativamente sencillo. Después, la televisación de partidos obligó a ciertas restricciones: había que seleccionar un partido para televisar los viernes, y tenía que ser un partido que enfrentara a un equipo de los denominados "grandes" (River, Boca, Racing, Independiente y San Lorenzo), que se jugara en la capital, con uno de los denominados "chicos" (éstos van variando de acuerdo con el campeonato, pero creo que se entiende la idea).

Después se agregó un partido para televisar los sábados, con la condición de que tenía que ser una transmisión originada en el interior del país (Córdoba, Rosario, La Plata, Santa Fe, Mendoza, Tucumán, etcétera) y debía involucrar a un equipo de los "grandes" (grupo al que se permitía añadir a Vélez). Luego se sumó un partido para televisar los lunes entre dos clubes "chicos". Y para complicar más las cosas, aparecieron los codificados. Y después, "El clásico del domingo". Además, había que dejar algún partido atractivo para que se pudiera ver por primera vez en el programa *Fútbol de primera* el domingo a la noche.

Si uno intenta hacerlo a mano (y créame que hubo mucha gente que se lo propuso) son tantos los ajustes que hay que hacerle a un *fixture* para que cumpla con todas esas restricciones, que ya se dudaba de que un *fixture* así existiera, o que fuera posible armarlo. ¿Qué hacer? En ese momento, enero de 1995 (hace ya casi doce años), la gente de la empresa Torneos y Competencias (dedicada a la difusión de deportes en radio, televisión y medios gráficos) me derivó el problema para ver si algún matemático (como yo sostenía) era capaz de presentar un programa de par tidos a la AFA (Asociación del Fútbol Argentino) que contemplara todas las restricciones señaladas. Me reuní con Carlos Ávila, el creador de la empresa, quien es un gran intuitivo, y finalmente entendió que lo mejor que podíamos hacer era consultar con alguien que supiera. Bien, pero, ¿quién sabría?

–Mirá –le dije–, en la Facultad de Ciencias Exactas de la UBA hay matemáticos a quienes les podría plantear el problema. Son ellos los candidatos naturales para resolverlo.

–Dale para adelante –me dijo.

Y le di. En realidad, le di el problema al doctor Eduardo Dubuc, profesor titular del departamento de Matemáticas desde hace años, y uno de los más prestigiosos que tiene el país. Su vida circuló por distintas ciudades de los Estados Unidos, Francia y Canadá, y hace ya algunos años reside en la Argentina.

Me formuló las preguntas lógicas para alguien que sigue el fútbol sólo como aficionado. Cerró la carpeta que contenía los datos, se sacó los anteojos que usa siempre, mi miró en silencio durante un rato y me preguntó:

–¿Vos estás seguro de que este problema tiene solución?

–No sé, pero seguro que si la tiene, vos sos la persona para encontrarla.

Unos días más tarde, me entregó un *fixture* junto con algunos comentarios escritos. Recuerdo uno en particular: "El problema está resuelto de la mejor manera posible".

Yo estaba entusiasmado, pero le dije:

–Eduardo, ¿qué significa "la mejor manera posible"? Necesitamos que sea la *mejor* y no la mejor *posible*.

–Como ya vimos el día que me trajiste el problema, es imposible que en todas las fechas haya un partido entre dos clubes *chicos*, ya que hay sólo seis (en ese momento eran Deportivo Español, Argentinos Juniors, Ferro, Platense, Lanús y Banfield). En todo el campeonato, jugarán entre ellos 15 partidos. Aunque logremos hacerlos jugar a todos en fechas diferentes, igualmente habrá cuatro semanas en las que va a faltar un partido para los días lunes.

Una obviedad. Sin embargo eso ponía en peligro todo. Si ya había una dificultad irresoluble, ¿qué quedaría para el resto? ¿Es que no habría manera de poder ordenar todo el caos que había siempre con el programa de los partidos? Sonaba a fracaso. Sin embargo, Eduardo me insistió.

–Fijate bien en el *fixture* que te entrego y leé mis apuntes.

Y los leí. Digo, leí sus apuntes. Aquí van.

Tomá un *fixture* estándar (¿no debería decir *standard*?) cualquiera. Si intercambio dos equipos (por ejemplo, Boca juega en lugar de Ferro, y Ferro en lugar de Boca), se obtiene otro *fixture* (que sigue siendo estándar).[22] Así se obtienen distintos *fixtures* y puede verse[23] que hay en total

2.432.902.008.176.640.000 *fixtures* estándar distintos.

Es decir, un número que llega casi a los dos trillones y medio, y que se obtiene multiplicando los primeros veinte números naturales (o, lo que es lo mismo, calculando el factorial de 20, que se escribe 20!).

$$20 . 19 . 18 . 17 . .... . 5 . 4 . 3 . 2 . 1$$

---

[22] Como dijimos, un *fixture* estándar consiste en 19 fechas en las que los 20 equipos jueguen todos contra todos y que lo hagan alternadamente de visitante y de local. El intercambio entre Boca y Ferro, por ejemplo, no altera esto. Ningún intercambio de ningún equipo por otro lo puede hacer. Eso sí: puede modificar, eventualmente, las otras condiciones, pero no deja de ser estándar.

[23] Ya hemos mencionado que el número factorial de 20 (y se escribe 20!), o en general el factorial de un número natural n (se escribe $n!$), sirve para contar todas las permutaciones de 20 (o de n) elementos.

Claro, si hubiera sólo 6 equipos, habría 720 posibles *fixtures*, y ese número se obtendría multiplicando los primeros seis números:

$$6 . 5 . 4 . 3 . 2 . 1 = 720$$

Es posible que, en algunos casos, el intercambio de dos equipos permita generar un nuevo *fixture equivalente* al que le dio origen. Es decir, si el original cumplía con ciertas restricciones, el nuevo también lo hará. Y si el primero no cumplía algunas, el derivado tampoco lo hará. Por ejemplo, los equipos "grandes" que formaban una pareja (porque no podían jugar de local el mismo día, como era el caso de River y Boca, o Newell's y Central) podían intercambiarse entre sí y el resultado no variaría.

Lo mismo valía para los equipos "chicos", o los que formaban "pareja" en el interior (como Colón y Unión o, en ese momento, Talleres e Instituto en Córdoba).

Una vez hechas estas observaciones, el número total de *fixtures diferentes* es de

$$1.055.947.052.160.000$$

que son casi 1.056 *billones* de *fixtures*. ¡Una barbaridad!

Surgía inmediatamente una pregunta: ¿quién los revisaría para saber cuál o cuáles eran los que servían? Y un tema clave, muy importante: ¿cuánto tiempo tardaría en examinarlos todos? A razón de investigar 5.000 *fixtures* por segundo (sí, dice *5.000 fixtures por segundo,* que es lo que se podía hacer en ese momento con un programa adecuado en las computadoras PC más veloces), llevaría casi *10.000 años* hacerlo.

Había que intentar otra cosa. Probar a mano uno por uno no resultaría. Y Dubuc ya lo sabía. Pero se le ocurrió una idea que serviría para dar un salto cualitativo muy importante y, eventualmente, llegar a la solución.

Hay un método matemático que se conoce con el nombre de "recocido simulado", y Dubuc decidió probar con él. Para ello, primero hay que empezar por calificar los *fixtures*. ¿Qué quiere decir esto? Elijan un *fixture* estándar cualquiera. Lo más probable es que no cumpla la mayoría de los requisitos que se necesitan. Entonces, a Eduardo se le ocurrió que le iba a poner una multa por cada restricción que no cumpliera. Por ejemplo, si en el *fixture* que había elegido, en la primera fecha no había partido para los viernes, le ponía tres puntos de multa. Si le faltaba partido desde el interior, dos puntos de penalidad. Y así siguió hasta agotar la primera fecha. Pasó entonces a la segunda, y esencialmente las recorrió todas acumulando las multas que sufrían en el camino. Al finalizar el proceso, ese *fixture* tenía adosada una cantidad de puntos en contra, es decir, una multa.[24]

En definitiva, cuanto mayor fuera la multa de un *fixture*, peor era. Como se advierte, el objetivo de Eduardo era encontrar el o los *fixtures* que tuvieran multa *cero*. Es decir, aquellos programas de partidos que no infringieran *ninguna* de las normas pedidas. ¿Existirían? ¿Tendría solución el problema?

El proceso de revisar todas las alternativas estaba (y está) fuera de las posibilidades, ya que involucraría más de diez mil

---

[24] En el lenguaje matemático, Eduardo definió la *función multa*, que tiene como dominio todos los posibles *fixtures* y como codominio todos los números enteros positivos y el cero. Lo que trataba de hacer era encontrar mínimos absolutos de esta función.

años, sin embargo, la diferencia ahora era que el problema estaba *cuantificado*. Es decir, se contaba con una función *multa*, y eso es lo que posibilita un tratamiento matemático para minimizar esa función.

Aquí es donde interviene el *recocido simulado*. Una aclaración muy importante: seguro que quienes concibieron, usan o usaron el recocido simulado no tuvieron *in mente* resolver un problema de estas características. Pero ahí también reside la capacidad de un matemático para saber que hay una herramienta que, en principio, no parece haber sido construida para esta ocasión en particular y, sin embargo, con una adaptación no sólo se transformó en *útil*, sino que permitió encontrar la solución.

A grandes rasgos, el sistema funciona así. Imagine que todos los *fixtures* posibles (los más de 1.000 billones) están escritos, cada uno en una hoja de papel, y metidos dentro de una pieza. Uno entra a la pieza repleta de *fixtures* con un pinche en la mano, como si se tratara de recoger las hojas en una plaza. Más aún: en cada hoja que hay dentro de la pieza, no sólo hay un *fixture* escrito, sino que además está agregada la *multa* que le corresponde, que, como vimos, depende del grado de incumplimiento de las restricciones pedidas.

Entonces, uno procede así. Ni bien entra, pincha un *fixture* cualquiera y se fija en la multa que tiene asignada. Por supuesto, si uno tuviera la suerte de que ni bien empieza encuentra un *fixture* con multa *cero*, detiene el proceso inmediatamente, sale rápido de la pieza y se va a comprar un billete de lotería, a jugar al casino y apostar todo lo que tenga.

Cuando uno pincha el *fixture* y se fija en la multa que tiene asignada, decide caminar en alguna dirección. Cualquier dirección. Pincha alguno de los vecinos (*fixtures*), y si la multa aumentó, entonces, no avanza en esa dirección. Si en cambio, al pinchar un vecino, la multa disminuye, entonces se encamina por ese lugar, seleccionando los que va encontrando en ese trayecto en la medida que siempre vaya disminuyendo la multa.

Si en algún momento llega a un lugar donde, independientemente del camino que elija, la multa aumenta siempre, entonces habrá llegado a un *mínimo local*, o a una especie de cráter.

Imagínese caminando por un camino montañoso, en el que la multa indicara la altura a la que se encuentra. De pronto, llegará a un lugar donde no importa para qué lado elija avanzar, para todas partes se *sube*, pero se está todavía lejos del nivel del mar. ¿Qué hacer? Hay que permitirse trepar para luego poder llegar más abajo por otro camino. Ésa es clave en el proceso.

El método del *recocido simulado* indica los movimientos que hacen subir (es decir, cambian el *fixture* por otro con una multa mayor) para salir de los mínimos locales, los cráteres, y eventualmente volver a descender, esta vez más abajo. Termina conduciendo a un lugar al nivel del mar, es decir, con multa cero.

No es posible que incluya aquí las precisiones sobre el método del *recocido simulado* en sí mismo, pero, en todo caso, vale la pena decir que involucra movimientos al azar, la teoría de probabilidades y se inspira en un análisis probabilístico de lo que sucede cuando se enfría lentamente el vidrio en la fabricación de botellas (de ahí el nombre *recocido*), y es simulado, porque se usa una simulación por medio de una computadora.

En nuestro caso, eligiendo al azar dónde empezar (es decir, al entrar en la pieza se elige un *fixture* estándar cualquiera para comenzar), después de revisar entre 500.000 y un millón de *fixtures* en alrededor de 20 minutos en una PC 384 de aquella época, el programa que diseñó Eduardo encontraba un *fixture* que resolvía el problema. Aunque, como ya se sabía de antemano, la multa no podía ser cero (porque sabíamos que cualquier *fixture* tenía por lo menos cuatro fechas sin un partido entre dos equipos chicos).

Lo que el programa encontró fue un *fixture* con la mínima multa posible, es decir, con 15 fechas con un partido entre dos equipos chicos, que, además, satisfacía todos los otros requerimientos. Lo curioso en este caso es que el programa que construyó Dubuc encontraba siempre el mismo *fixture* (salvo las equivalencias mencionadas al principio), independientemente de con cuál comenzaba el recorrido al entrar en la pieza.

Esto le permitió conjeturar que el que había encontrado *era el único*. O sea, *había un solo fixture que resolvía el problema*, y el método lo encontraba.[25]

La Asociación de Fútbol Argentino (AFA) implementó su uso a partir del campeonato Apertura de 1995 (que fue el torneo en el que Maradona produjo su retorno a Boca después de jugar en Europa). La utilización de matemática de alta complejidad permitió resolver un problema que hasta ese momento tenía enloquecidos a todos. Y a mano, hubiera llevado *¡diez mil años!*[26]

---

[25] Fíjese que la fracción de *fixtures* analizados sobre el total es, como *máximo*, de *un millón* dividido por 20! O sea, 1.000.000/(2.432.902.008.176.640.000), aproximadamente 0,000000000001; es decir, sólo el 0,0000000001 por ciento del total.

[26] El método del *recocido simulado* es increíblemente poderoso, y se utiliza en problemas mucho más complejos. Por ejemplo, cuando uno quiere minimizar multas en ciertos estados que aparecen en el cálculo de resistencia de materiales, en particular en la construcción de estructuras como submarinos, puentes y otras por el estilo. El tamaño de los problemas involucrados es frecuentemente un número de entre *mil y diez mil dígitos*. Piensen que el caso de todos los *fixtures* posibles era de sólo *dieciséis*.

Sabiendo que el número total de años desde el comienzo del universo es de unos 15.000 millones, o sea 473.040.000.000.000.000 segundos, si hubiésemos comenzado a examinar estados a partir del big bang con una supercomputadora, a razón de, supongamos, un millón por segundo, para hoy se habrían examinado unos 473.040.000.000 estados, un número de sólo 12 dígitos, una ínfima parte de los estados posibles. De tener que examinarlos todos, se tardarían tantas vidas del universo como un número de 80 dígitos. Sin embargo, con el *recocido simulado* se encuentran en la práctica estados con multas cercanas a lo

Apéndice

Para aquellos interesados en conocer con más detalle el problema planteado, ofrezco algunos datos que se tuvieron en cuenta en ese momento. Los datos corresponden a los equipos que había en ese campeonato, pero claramente son adaptables a cualquier situación.

> 20 equipos del campeonato AFA
> 5 equipos grandes
> 2 equipos grandes ampliados (Vélez y Huracán)
> 6 equipos chicos
> 7 equipos del interior

El torneo se juega en dos ruedas, que actualmente están divididas en dos torneos distintos: Apertura y Clausura. Los equipos juegan alternadamente de local y de visitante, salvo una sola vez, que repiten la condición. La condición siempre se invierte en una rueda respecto de la otra. Ambas ruedas satisfacen las mismas restricciones.

Restricciones satisfechas

1) Éstas fueron las parejas (equipos que nunca podían ser locales o visitantes simultáneamente en la misma fecha):

---

mínimo posible. El doctor Eduardo Dubuc no tuvo nunca el reconocimiento por lo que hizo. Ni tampoco lo buscó. Sólo que, sin su aporte, hasta hoy estarían pujando por encontrar "a mano" en forma infructuosa una solución que, en términos ideales, no existe.

(River-Boca) (Racing-Independiente) (Newell's Old Boys-Rosario Central) (Talleres-Belgrano) (San Lorenzo-Huracán) (Vélez-Ferro).

2) A River y Boca (que formaban pareja) no se los podía codificar en la misma fecha.

3) Partidos codificados. En todas las fechas había un partido que se jugaba los días viernes (un equipo "grande" contra un no grande). Además, el equipo grande no podía jugar ese partido contra uno del interior en el interior. Por otro lado, debía contemplar que se jugara un partido los días sábados, que debía enfrentar a un equipo grande ampliado (o sea, con el agregado de Vélez y Huracán) con un equipo del interior.

4) Huracán y Vélez podían ser codificados desde el interior (o sea, jugando de visitante) un máximo posible de siete veces cada uno.

5) En todas las fechas había un partido de un chico contra un chico. Con todo, como la cantidad de equipos chicos no era suficiente para alcanzar el número de partidos que debían jugarse, había que aceptar seis fechas malas (en cada rueda) en las que no habría programado ninguno de esos partidos.

Hasta aquí el *fixture* que entregó el programa ideado por Eduardo Dubuc. Conviene notar que la condición 5, satisfecha en forma ideal, tendría sólo cuatro fechas "malas" por rueda. Sin embargo, resulta incompatible con la condición 3.

ALGUNAS CIFRAS Y COMENTARIOS

El número total de *fixtures* posibles es de N = 20! (factorial de 20). Sin embargo, hay *fixtures* distintos que en la práctica resultan equivalentes. Por ejemplo, los equipos de una pareja grande pueden intercambiarse entre sí. Lo mismo vale para las parejas de equipos chicos y las parejas que involucren a equipos del interior. Había cinco parejas en esas condiciones. Además, las dos parejas del interior pueden intercambiarse entre sí, pero los dos equipos grandes no. Esto sucede porque, por ejemplo, River y Boca deben satisfacer adicionalmente la restricción 2.

Además hay tres equipos chicos "sueltos" que pueden intercambiarse entre sí, y lo mismo pasa con tres equipos del interior.

Esto significa que para calcular el número total de *fixtures* realmente diferentes hay que dividir N = 20! por K, donde:

$$K = (2 . 2 . 2 . 2 . 2 . 2 . 6 . 6) = 2.304$$

Se tiene, entonces:

$$N/K = 20! / 2.304 = 1.055.947.052.160.000$$

que son casi 1.056 billones, o sea, millones de millones de *fixtures* realmente diferentes.

Eduardo me escribió en sus notas: "Se tiene suficiente evidencia de que existe un *único fixture* entre todos ellos que satisface las restricciones 1, 2, 3 4 y 5. Ese *fixture* es el que, justamente, encuentra el programa".

Y siguió: "El programa logra encontrar ese único *fixture* examinando sólo entre 500.000 y un millón de *fixtures* en promedio, lo que le lleva unos 20 minutos, más o menos. Comenzando por un *fixture* elegido al azar, siempre termina por encontrar el mismo.

"Con todo, si uno pudiera permitir un pequeño relajamiento en las restricciones (por ejemplo, que haya una o dos fechas en una rueda que tengan un solo partido codificado), eso simplificaría enormemente el problema, ya que entonces hay muchísimos *fixtures* que cumplen todo lo que necesitamos. Si ello se permite, el programa encuentra un *fixture* así luego de examinar sólo (en promedio) unos 10.000 *fixtures* (diez mil), lo que hace en unos 20 segundos". Piensen, además, que esto fue escrito hace casi doce años...

Palíndromos

Si le dijera que usted sabe lo que es un palíndromo, seguramente me diría: "¿Un qué?", y yo volvería a decirle: "Un palíndromo". O, si prefiere, un "número palindrómico". Nada. Su cara lo dice todo. Y eso que no estoy ahí para verla.

Lo puedo ayudar así: quizá sí lo sabe, pero lo conoce con otro nombre. Nada...

Aquí van algunos ejemplos y usted, después de verlos, me dirá: "Ahhhhhhhh, se refería a los..."

121
1234321
648846
555555
79997
89098

¿Hace falta que ponga más? Creo que no. Ya habrá advertido que estos son los números que llamamos, *también, capicúas*. En lenguaje común, el de todos los días, los palíndromos son los capicúas.

Según el diccionario de la Real Academia Española, capicúa quiere decir número que es igual leído de izquierda a derecha que de derecha a izquierda. Este vocablo viene de una expresión catalana *cap i cua*, que significa *cabeza y cola*.[27] Por otro lado, *palíndromo* viene del griego *palindromos*, palabra formada de *palin* (de nuevo) y *dromos* (pista de carrera).O sea, carrera en círculo.

Aquí van algunas curiosidades respecto de los *capicúas* o *palíndromos*. Algunas cosas se saben y son fáciles de comprobar. Otras, no sólo no se saben sino que –si tiene ganas de intentarlo– llegar a su solución permitiría resolver algunos problemas que hace mucho que están abiertos en el mundo de la matemática.

Si uno empieza con los dígitos, desde el 0 en adelante:

$$0, 1, 2, 3, 4, 5, 6, 7, 8, 9$$

son *todos* capicúas, porque leyéndolos desde la izquierda o desde la derecha, dan lo mismo. O sea, hay *diez capicúas de un solo dígito*.

¿Cuántos capicúas hay de *dos* dígitos? La respuesta es 9:

$$11, 22, 33, 44, 55, 66, 77, 88 \text{ y } 99$$

Si ahora pasamos a números de *tres* dígitos, resulta claro que no será muy práctico hacer una lista de todos los que hay. Podríamos empezar con:

---

[27] Esto me lo contó mi amigo Alberto Kornblihtt (biólogo molecular de la Facultad de Ciencias Exactas de la UBA).

101, 111, 121, 131, 141, ..., 959, 969, 979, 989 y 999

Son en total 90. Y como se empieza a ver, tendríamos que buscar una forma de contarlos que no involucre tener que realizar una lista de todos. ¿Se anima a contarlos sin escribirlos todos?

Tomemos un número de *tres dígitos*. Obviamente, no puede empezar con el número 0 porque, si no, no tendría tres dígitos. Un número *capicúa* de tres dígitos puede empezar con cualquier número, salvo 0. Luego, hay 9 posibilidades.

¿Cuántas posibilidades hay para el *segundo dígito*? En este caso no hay restricciones. El segundo puede ser cualquiera de los diez dígitos posibles: 0, 1, 2, 3, 4, 5, 6, 7, 8 y 9. Dos preguntas importantes acá:

a) ¿Se entiende que como se puede empezar con nueve dígitos y el segundo número tiene diez posibilidades, entonces hay 90 posibles comienzos? Es fundamental entender esto porque no hay problemas si no se entiende bien, y no tiene sentido avanzar sin volver a pensarlo. Lo digo de otra forma: ¿cuáles son los posibles dos primeros dígitos de este número que al final va a tener tres dígitos? Los números con los que puede empezar son:

10, 11, 12, 13, 14, ..., 97, 98 y 99

Es decir, empezando con 1 hay 10, empezando con 2 hay otros 10, empezando con 3 hay 10... hasta que, empezando con 9, hay 10 también. En total, entonces, hay 90 formas de empezar.

b) Si el número que estamos buscando tiene tres dígitos, y tiene que ser un palíndromo, una vez conocidos los primeros dos,

¿puede cambiar el tercero? Es decir, ¡conocer los dos primeros obliga al tercero a ser algo que ya sabemos!

Esto también es muy importante, porque quiere decir que el primer dígito condiciona al tercero, que tiene que ser igual al primero.

Luego, los 90 que habíamos contado son *todos* los que hay. ¡Y no necesitamos escribirlos todos! Alcanzó con imaginar una forma de contarlos sin tener que hacer una lista con todos ellos.

Con esta idea, uno ahora puede preguntarse: ¿cuántos palíndromos de *cuatro dígitos* hay?

Si uno piensa un poco, se da cuenta que, como ahora uno tiene un número de cuatro dígitos pero palindrómico, entonces, los dos primeros determinan a los dos últimos.

Es más, si el número empieza con

ab

Entonces, los dos que siguen tienen que ser

ba

El número final va a ser entonces: *abba*. Y como recién vimos que para los dos primeros lugares hay 90 posibilidades, con números de cuatro dígitos *no cambia nada*. Curiosamente, hay también *90 capicúas* de cuatro dígitos.

Lo dejo para que compruebe usted solo/a estos datos:

a) Hay 199 palíndromos menores que 10.000.
b) Hay 1.099 capicúas menores que 100.000.
c) Hay 1.999 capicúas menores que 1.000.000.
d) Hay 10.999 palíndromos menores que 10.000.000.

Y si tiene ganas, siga usted con el resto. La idea es la misma.

Ahora, algo que *no* se sabe. Se *conjetura* –aunque no se ha demostrado todavía– que hay *infinitos* números primos que son capicúas. Sí se sabe que, salvo el número 11 (que es un palíndromo y primo a la vez), para que un capicúa *sea primo* debe tener un número *impar* de dígitos. Esto se demuestra comprobando que cualquier número capicúa con un número *par* de dígitos es siempre múltiplo de 11. Haga usted la cuenta para convencerse.

En el afán de buscar palíndromos, uno puede tomar un número cualquiera de dos dígitos o más, digamos:

9253

Si lo escribimos al revés, como si lo estuviera mirando en un espejo, da

3529

Sumamos los dos números: (9253 + 3529) = 12782. A este resultado lo damos vuelta y sumamos ambos números: (12782 + 28721) = 41503. Y una vez más, lo mismo: (41503 + 30514) = 72017. Ahora, un paso más: (72017 + 71027) = 143044; hasta que, por último: (143044 + 440341) = 583385. *¡Que es capicúa!*

Pruebe usted empezando con un número cualquiera y vea qué pasa. Si lo intenta con un número cualquiera, descubrirá que en un número finito de pasos, si sigue con el mismo procedimiento de arriba, se debería llegar a un palíndromo.

La pregunta natural es la siguiente: ¿es verdad que *siempre* sucede? Lamentablemente, la respuesta parece que va a ser *no*. A pesar de que seguramente intentó con varios números y con *todos* le dio, y por lo tanto uno tendría ganas de decir que lo que afirmé recién está equivocado, permítame sugerir algunos números para empezar. (Hágalo, se va a divertir.)

196

887

1675

7436

13783

52514

En realidad, entre los primeros cien mil números, solamente empezando con 5996 de ellos (es decir, menos del 6 por ciento) *no* se llegó a palíndromos. Sin embargo, no hay una *demostración* formal de que empezando con esos números no se llegue.

Sobre este fenómeno curioso de sumas e inversiones, si uno comienza con un número de *dos dígitos* cuya suma dé 10, 11, 12, 13, 14, 15, 16 y 18, entonces, aplicando el procedimiento explicado, se llega a un palíndromo en 2, 1, 2, 2, 3, 4, 6 y 6 pasos, respectivamente. Por ejemplo, empezando con el 87, cuyos dígitos suman 15 (8 + 7 = 15), hacen falta 4 pasos para llegar al palíndromo:

87

<u>78</u>

165

<u>561</u>

726

<u>627</u>

1353

<u>3531</u>

4884

Si uno empieza con *dos dígitos* cuya suma sea 17 (sólo el 89 y 98 sirven), se requieren 24 pasos para llegar, y el palíndromo al que se llega es:

8813200023188

Como último dato, el número más grande entre los primos que es capicúa ¡tiene más de treinta mil dígitos![28]
    Si hablamos de años, ¿cuáles son los primos capicúas? 2002 fue capicúa, pero no es primo. El último año que fue un número primo y también capicúa fue el 929, hace ya más de mil años. ¿Cuándo habrá un primo capicúa que indique el año? Obviamente, no en este milenio, porque como este milenio empieza con el número 2, todos los capicúas terminan en 2 y, por lo tanto, serán todos números pares, que no pueden ser primos. Además, como escribí más arriba, si los capicúas pretenden ser números primos, deben tener un número impar de dígitos. Luego, para encontrar el próximo año que sea un número capicúa y también primo, habrá que buscar después de 10.000. Yo no tengo pensado vivir hasta ese momento, pero si le interesa saber exactamente cuánto tiene que esperar, el próximo "capicúa y primo" a la vez será el 10.301.

Los palíndromos también tienen cultivadores de alto nivel. Ernesto Sabato propone en *Abaddón, el exterminador* (1974, p. 223) la creación de la novela capicúa que se pueda leer de atrás para adelante y de adelante para atrás. Un experimento cercano es la novela *Rayuela* del argentino Cortázar, donde los capí-

---

[28] En realidad, tiene exactamente 30.913 dígitos. Fue descubierto por David Broadhurst en 2003.

tulos son intercambiables. El editor de Sabato sugiere que capicúa es una palabra del dialecto italiano muy común en Buenos
Aires y quiere decir *capocoda*, es decir, cabeza-cola. Catalana o
italiana, la palabra significa lo mismo.

Además, mi querida amiga la socióloga Norma Giarraca, me
dijo que no puedo escribir sobre los números "capicúas" sin
hablar de que históricamente siempre se creyó que traían suerte. Por ejemplo, al viajar en tranvía, tren o colectivo, si el bole-
to era capicúa, había garantías potenciales de que algo bueno
estaba por pasarnos.

Mucha suerte y que no llueva.

Juego del 15

Uno de los juegos que más adeptos tuvo en la historia de la
humanidad es el que se conoce con el nombre de "Juego del 15".

Se tiene un cuadrado de 4 . 4 (dividido en casillas, como se
indica en la figura), en el que están dispuestos los primeros 15
números (del 1 al 15) de la siguiente manera:

1	2	3	4
5	6	7	8
9	10	11	12
13	14	15	

Es decir, cuando uno compraba el juego original, obtenía en
la caja ese "cuadrado" de madera, con quince piezas móviles y
un lugar vacío (el que correspondería al número "dieciséis"). Uno
"desarreglaba" el original hasta llevarlo a una posición que con-

sideraba lo suficientemente complicada para que otra persona rastreara lo que hizo, y lo desafiaba a que "ordenara" los cuadrados como estaban al principio.

Antes de avanzar, un poco de historia.

Este problema fue "inventado" por Samuel Loyd (conocido como Sam Loyd, 1841-1911), quien fue uno de los más grandes creadores de entretenimientos con ligazón matemática. El "Juego del 15" o el "Dilema del 15" apareció recién en 1914 en un libro que publicó el hijo de Loyd después que muriera su padre. En realidad, lo había diseñado en 1878.

En general, mucha gente, con un poco de paciencia, podía resolver los problemas que surgían al "desordenar" la distribución original. Pero la novedad la impuso el propio Loyd, cuando ofreció mil dólares a quien pudiera volver a la posición inicial la siguiente configuración (obviamente, con movimientos "legales", es decir, deslizando los cuadraditos en forma horizontal o vertical, ocupando alternativamente el que está vacío):

1	2	3	4
5	6	7	8
9	10	11	12
13	15	14	

Si uno mira bien descubre que la única modificación respecto del original es que los cuadrados 15 y 14 están permutados.

Pasaba el tiempo y nadie podía reclamar el premio; por supuesto, se cuentan las historias más increíbles de gente que le dedicaba todo el tiempo y dejaba de concurrir a su trabajo, gente que no dormía, desesperados buscando la solución... y el dinero de la recompensa. Loyd sabía por qué estaba dispuesto a arriesgar esa cifra: este problema tiene raíces muy profundas en la matemática, y *no tiene solución.*

Para poder entender un poco *por qué no se puede resolver,* voy a mostrar, con un ejemplo más sencillo, dónde residen las dificultades insalvables. Aquí va.

Supongamos que en lugar de tener un cuadrado de 4 . 4, como el que teníamos más arriba, tenemos uno de 2 . 2, que replica el juego del 15, pero esta vez, se debería llamar "el problema del 3", porque si uno reduce las dimensiones queda así:

1	2
3	

Es decir, el juego original con sólo tres cuadraditos tiene esta distribución. A los efectos de ilustrar lo que sigue, voy a evitar dibujar los cuadraditos. Simplemente voy a poner:

1   2
3

A ésta la vamos a llamar *posición inicial.* Para reproducir la pregunta que hizo Loyd, nos preguntamos si se puede llegar a la siguiente distribución:

2   1
3   (*)

La respuesta es: *no se puede.* Pero, ¿por qué no se puede?

Generemos todos los posibles movimientos que se puedan obtener a partir de la posición inicial. Éstos son:

| 1 2 | 1 2 | 2 | 2 | 2 3 | 2 3 | 3 | 3 | 3 1 | 3 1 | 1 | 1 |
| 3 , | 3, | 1 3, | 1 3, | 1 , | 1, | 2 1, | 2 1, | 2 , | 2, | 3 2, | 3 2 |

Es decir, en *total* se tienen 12 posibles configuraciones. En lugar de escribir las distintas configuraciones como hice hasta acá, las voy a escribir así: (1, 2, 3) (donde no importa en qué posición está el lugar vacío, lo que sabemos que importa es el orden relativo que tienen al leerla en sentido horario). Fíjese en lo siguiente: si uno se para en el número 1, y recorre los cuadraditos en el sentido de las agujas del reloj (eventualmente, salteando el lugar vacío), siempre se tiene la configuración (1, 2, 3). Es decir, el orden relativo entre los números 1, 2 y 3 no se altera.

Luego, si uno tiene una configuración como la propuesta más arriba, en (*)

$$2 \qquad 1$$
$$3$$

uno tiene razones para decir que esa posición no se puede alcanzar por movimientos legales a partir de la inicial.

Recién analizamos exhaustivamente todas las posibilidades, y esta última no está. Por otro lado, otro argumento que uno podría esgrimir (y que va a servir sin tener que escribir todas las posibles configuraciones) es que si uno se para en el número 1 y recorre los cuadraditos en sentido horario, no se tiene ahora la distribución (1, 2, 3) como antes, sino que se tiene (1, 3, 2). O sea, esa última posición, la que aparece en (*), ¡no es alcanzable desde la inicial!

En este caso, lo invito a que haga el recorrido por *todas las que sí* se puede, empezando por la que figura en (*).

| 2 1 | 2 1 | 1 | 1 | 1 3 | 1 3 | 3 | 3 | 3 2 | 3 2 | 2 | 2 |
| 3 , | 3, | 2 3, | 2 3, | 2 , | 2, | 1 2, | 1 2, | 1 , | 1, | 3 1, | 3 1 |

Lo que se ve entonces, es que ahora hay otras 12 posiciones y que ahora sí quedan cubiertos todos los posibles casos. Además, si uno recorre en sentido horario cualquiera de estas últimas 12, si empieza parándose en el número 1 otra vez, la configuración que se tiene siempre es (1, 3, 2).

Ya estamos en condiciones de sacar algunas conclusiones. Si se tienen 3 números y un cuadrado de 2 . 2, entonces hay en total 24 posibles configuraciones, que se pueden agrupar en dos *órbitas,* por llamarlas de alguna manera. Una órbita es la que –al recorrerla– tiene la configuración (1, 2, 3), mientras que la otra órbita es la que al recorrerla tiene la configuración (1, 3, 2). Con esto se agotan las posibilidades. Lo interesante del juego es que no se puede pasar de una órbita a la otra. La pregunta que sigue, entonces, es si se puede saber, sin tener que escribirlas todas, si una configuración *dada* está en la órbita original o no. Le sugiero que piense un rato esta respuesta, porque ilustra mucho sobre lo que hace la matemática en casos similares.

Las configuraciones (1, 2, 3) y (3, 1, 2) están en la misma órbita. En cambio, (3, 1, 2) y (1, 3, 2) no. ¿Se da cuenta por qué? Es que al leer la última, empezando en el 1, el orden en que aparecen los números no es correlativo, como en el caso de la primera.

Algo más. Si uno tiene (3, 1, 2) y "cuenta" cuántas veces aparece un número *mayor* antes que uno menor, hay *dos casos:* el 3 está antes que el 1, y el 3 está antes que el 2. Es decir, hay dos *inversiones* (así se llaman). En el caso del (3, 2, 1), hay tres inversiones, porque se tiene el 3 antes que el 2, el 3 antes que el 1, y el 2 antes que el 1. Es decir, el número de inversiones puede ser

un número par o impar. Lo que uno hace es agrupar las ternas
que tenemos, de acuerdo con que el número de inversiones sea
justamente par o impar.

Y ésta es la gracia. Todas las que pertenecen a una órbita, tienen la misma *paridad*. Es decir, las de una órbita o bien tienen
todas un número *par* de inversiones o tienen todas un número
impar de inversiones.

Esto soluciona el caso original que planteó Loyd. Si uno mira
el ejemplo que él propuso (el que tenía el 14 y el 15 invertidos),
verá que el número de inversiones es 1 (ya que el único número "mayor que uno menor" es el 15, que está antes que el 14).

En cambio, en la configuración original, no hay inversiones,
es decir, los dos casos no están en la misma órbita... y por lo
tanto, el problema planteado no tiene solución.

Loyd lo sabía, y por eso ofreció los mil dólares a quien lo
resolviera. No había riesgo. Lo interesante es que uno, frente a
un problema que parece ingenuo, apela a la matemática para
saber que no tiene solución, sin tener que recurrir a la fuerza
bruta de intentar e intentar...

Triángulo de Pascal

¿Qué es este triángulo formado por números que parecen elegidos en forma caótica? Mírelo un rato, entreténgase con el triángulo y trate de descubrir *leyes* o *patrones*. Es decir, ¿estarán puestos los números al azar? ¿Habrá alguna relación entre ellos? Si
bien uno advierte que hay un montón de números *uno* (de hecho,
hay *unos* en los dos costados del triángulo), ¿cómo habrán hecho
para construirlo?

```
                          1
                        1   1
                      1   2   1
                    1   3   3   1
                  1   4   6   4   1
                1   5   10  10   5   1
              1   6   15  20  15   6   1
            1   7   21  35  35  21   7   1
          1   8   28  56  70  56  28   8   1
        1   9   36  84  126 126  84  36   9   1
      1  10  45  120 210 252 210 120  45  10  1
    1  11  55 165 330 462 462 330 165  55  11  1
  1  12  66 220 495 792 924 792 495 220  66  12  1
1  13  78 286 715 1287 1716 1716 1287 715 286  78  13  1
```

Como se imaginará, el triángulo podría seguir. En este caso escribí sólo una parte de él. Es más: en cuanto descubra efectivamente cómo se arma, estoy seguro de que podrá completar la fila siguiente (y seguir con más, si no tiene nada que hacer). Llegar a ese punto será sólo una parte –importante por cierto– porque es algo así como un juego (de todas formas, nadie dijo que está mal jugar, ¿no?); sin embargo, lo interesante va a ser mostrar que este triángulo, ingenuo como lo ve, tiene en realidad múltiples aplicaciones, y los números que figuran en él sirven para resolver algunos problemas.

Este triángulo fue estudiado por Blaise Pascal, un matemático y filósofo francés que vivió sólo treinta y nueve años (1623-1662), aunque, en realidad, los que trabajan en historia de la matemática sostienen que el triángulo y sus propiedades fueron descriptos ya por los chinos, en particular por el matemático Yanghui, algo así como quinientos años antes que naciera Pascal, y también por el poeta y astrónomo persa Omar Khayyám. Es más, en China se lo conoce con el nombre de triángulo de Yanghui, no de Pascal, como en Occidente.

Primero que nada, ¿cómo se construye? La primera fila tiene un *solo* 1, de manera tal que hasta ahí vamos bien. La segunda fila, tiene *dos* números 1, y nada más. Nada que decir. Pero mirando el triángulo, lo que podemos afirmar es que cada nueva fila empezará y terminará con 1.

Una observación que uno puede hacer es la siguiente: elija un número cualquiera (que no sea 1). Ese número tiene otros dos números inmediatamente por encima. Si los sumamos, se obtendrá el número elegido. Por ejemplo, busque el número 20 que está en la séptima fila; arriba tiene dos números 10; la suma, obviamente, da 20. Elijamos otro: el 13, que está en la última fila sobre la mano derecha. Si sumamos los dos números que están arriba de él (1 y 12), se obtiene 13.

Si aceptamos que en las dos primeras filas hay sólo números 1, entonces, en la tercera fila tendrá que haber 1 en las puntas, pero el número en el medio tiene que ser un 2, porque justamente arriba de él tiene dos números 1. Así queda conformada la tercera fila. Pasemos a la cuarta.

De la misma forma, empieza con dos 1 en las puntas. Y los otros dos lugares que hay para rellenar se obtienen sumando los dos números que tienen arriba: en ambos casos, hay un 1 y un 2 (aunque en diferente orden), luego, los números que faltan son dos números 3.

Supongo que ahora queda claro cómo seguir. Cada fila empieza y termina con 1, y cada número que se agrega es el resultado de *sumar* los dos que tiene arriba. De esa forma, hemos resuelto el primer problema que teníamos: saber cómo se construye el triángulo. De hecho, la primera fila que no está escrita, la primera que iría debajo de la que está en la figura, empieza con un 1, como todas, pero el siguiente número que hay que escribir es 14, y el siguiente, 91. ¿Entiende por qué?

Algunas observaciones

Observe que el triángulo queda *simétrico*, es decir, da lo mismo leer cada fila desde la izquierda que desde la derecha.

Analicemos algunas diagonales. La primera está compuesta por *unos*. La segunda, está compuesta por todos los números naturales.

La tercera...

$$(1, 3, 6, 10, 15, 21, 28, 36, 45, 55, 66, 78, ...) \; (*)$$

¿Qué números son éstos? ¿Hay alguna manera de construirlos sin tener que recurrir al triángulo de Pascal?

Le propongo que haga lo siguiente, para ver si puede descubrir cómo se construye esta diagonal. Empiece por el segundo, el número 3, y réstele el anterior, el número 1. Obtiene un 2. Siga con el 6, y réstele el anterior. Obtiene un 3. Luego el 10, y réstele el anterior (que es un 6). Obtiene un 4... En otras palabras, la diferencia o la resta de dos números consecutivos, se va incrementando en uno cada vez. Es decir, la sucesión (*) se obtiene empezando con

1

Luego se suma 2, y se obtiene 3.
Luego se suma 3 al número 3, y se obtiene 6.
Se suma 4 al número 6 y se tiene 10.
Y así sucesivamente, se va construyendo de esta manera:

1	1
1 + 2	3
1 + 2 + 3	6
1 + 2 + 3 + 4	10
1 + 2 + 3 + 4 + 5	15
1 + 2 + 3 + 4 + 5 + 6	21
1 + 2 + 3 + 4 + 5 + 6 + 7	28

Estos números se llaman *números triangulares*.

Por ejemplo, supongamos que estamos invitados a una fiesta y, al llegar, cada persona *saluda* a los que ya llegaron, dándoles la mano. La pregunta es, si en el salón hay en un determinado momento 7 personas, ¿cuántos apretones de mano se dieron en total?

Veamos cómo analizar este problema. Al llegar la primera persona, como no había nadie en el salón, no hay nada que contar. Cuando llega la segunda, sin embargo, como adentro hay una persona, le da la mano, y ya tenemos 1 para incorporar a nuestra lista. Ni bien llega la tercera persona, tiene que darle la mano a las *dos* personas que hay adentro. Luego, en total, ya se dieron 3 apretones de mano: 1 que había en el momento en que llegó la segunda persona y 2 ahora. Recuerde que vamos por tres apretones cuando hay tres personas en el salón. Cuando llegue la cuarta persona, le tiene que dar la mano a las 3 que están dentro, por lo que sumadas a las 3 que ya llevábamos, se tienen 6. Así, cuando llega la quinta, tiene que dar 4 apretones, más los 6 que ya había, permiten sumar 10.

O sea:

1 persona	0 apretón de manos
2 personas	1 apretón de manos
3 personas	(1 + 2) = 3 apretones de manos

4 personas   (3 + 3) = 6 apretones de manos
5 personas   (6 + 4) = 10 apretones de manos
6 personas   (10 + 5) = 15 apretones de manos

Como habrá notado ya, los apretones van reproduciendo los números triangulares que habíamos encontrado antes. Es decir, esa diagonal del triángulo de Pascal sirve, en particular, para contar en determinadas situaciones.

Volvamos a la misma diagonal que contiene a los números triangulares:

$$(1, 3, 6, 10, 15, 21, 28, 36, 45, 55, 66, 78, ...)$$

Ahora, en lugar de restar un término menos el anterior, como hicimos más arriba, empecemos a sumar los términos de a dos, y a escribir los resultados:

$$
\begin{aligned}
1 + 3 &= 4 \\
3 + 6 &= 9 \\
6 + 10 &= 16 \\
10 + 15 &= 25 \\
15 + 21 &= 36 \\
21 + 28 &= 49 \\
28 + 36 &= 64 \\
36 + 45 &= 81 \\
45 + 55 &= 100
\end{aligned}
$$

Ahora que escribí varios términos, ¿le sugieren algo? Sigo: los números que están a la derecha:

$$(4, 9, 16, 25, 36, 49, 64, 81, 100, ...)$$

resultan ser los cuadrados de todos los números naturales (exceptuando al 1). Es decir:

$$(2^2, 3^2, 4^2, 5^2, 6^2, 7^2, 8^2, 9^2, 10^2, ...)$$

Más allá de *todas* estas curiosidades (y créame que existen muchísimas más), hay un hecho muy importante que no se puede obviar.

Sólo para simplificar lo que sigue, vamos a numerar las *filas* del triángulo, aceptando que la primera (la que contiene un solo 1) será la número 0.

La fila *uno*, es la que tiene: 1, 1
La fila *dos*, es la que tiene: 1, 2, 1
La fila *tres*, es la que tiene: 1, 3, 3, 1
La fila *cuatro*, es la que tiene: 1, 4, 6, 4, 1

Ahora planteo un problema, cuya solución se encuentra increíblemente (o quizá no...) en los números que figuran en el triángulo de Pascal. Supongamos que uno tiene cinco delanteros en un plantel de fútbol pero sólo usará dos para el partido del domingo. ¿De cuántas formas los puede elegir?

El problema también podría ser el siguiente: supongamos que uno tiene cinco entradas para ver espectáculos un determinado día de la semana, pero sólo puede comprar dos, ¿de cuántas formas puede seleccionar adónde ir? Como ve, se podrían seguir dando múltiples ejemplos que conducen al mismo lugar. Y la forma de pensarlos todos, en forma genérica, sería decir:

"Se tiene un conjunto con *cinco* elementos, ¿de cuántas formas se pueden elegir subconjuntos que contengan *dos* de esos *cinco* elementos?"

Se tiene, digamos:

(A, B, C, D, E)

¿De cuántas formas podemos elegir subconjuntos de *dos elementos* (dos letras en este caso), elegidos entre estos *cinco*? Esto sería equivalente, a elegir dos delanteros de los cinco, o bien, dos entradas para ver dos shows diferentes, elegidas entre las cinco posibles.

Hagamos una lista:

AB	AC
AD	AE
BC	BD
BE	CD
CE	DE

Es decir, hemos descubierto que hay diez formas de elegirlos. ¿Puedo pedirle que ahora vaya hasta el triángulo de Pascal, se fije en la fila cinco y busque el elemento número dos? (Recuerde que empezamos a contar las filas desde 0, y que los elementos en cada fila los comenzamos a contar desde 0 también. Es decir, el número 1 con que empieza cada fila, es el número 0 de la fila.)

Ahora sí, ¿cómo es la fila número cinco? Es: 1, 5, 10, 5, 1. Por lo tanto, el elemento que lleva el número 2 en la fila cinco es justamente el número 10, que contaba el número de subconjuntos de dos elementos elegidos entre cinco.

Hagamos otro ejemplo. Si uno tiene seis camisas, y quiere elegir tres para llevarse en un viaje, ¿de cuántas formas posibles puede hacerlo? Primero, busquemos en el triángulo de Pascal el que *debería* ser el resultado. Hay que buscar en la fila 6 el elemento que lleva el número 3 (recordando que el 1 inicial, es el número 0), que resulta ser el 20.

Si uno les pone estos nombres a las camisas: A, B, C, D, E,
F, las posibles elecciones de tres camisas, son las siguientes:

ABC	ABD	ABE	ABF
ACD	ACE	ACF	ADE
ADF	AEF	BCD	BCE
BCF	BDE	BDF	BEF
CDE	CDF	CEF	DEF

De esta forma, uno descubre las 20 maneras de elegir subconjuntos de 3 elementos seleccionados de un conjunto que tiene 6.

Para simplificar, este número que cuenta la cantidad de subconjuntos que se pueden formar seleccionando, digamos, k elementos de un conjunto de n elementos, se llama *número combinatorio*:

$$C(n, k)$$

que tiene una definición que involucra el cociente de algunos números factoriales y que –por ahora– escapa al objetivo de este libro.[29]

---

[29] La definición del número combinatorio $C(n,k)$ es:

$$C(n,k) = n!/(k! \, (n-k)!))$$

Por ejemplo, ya contamos en el caso que figura más arriba, que el combinatorio $C(5,2) = 10$, y el combinatorio $C(6,3) = 20$. Redescubrámoslos ahora:

$$C(5,2) = 5!/(2!3!) =$$
$$= 120/(2 \cdot 6)$$
$$= 120/12 = 10$$

Por otro lado,

$$C(6,3) = 6!/(3!3!) =$$
$$= 720/(6 \cdot 6)$$
$$= 720/36 = 20$$

En definitiva, lo que hemos aprendido –un hecho *muy*, pero *muy importante*– es que los numeritos que aparecen en el triángulo de Pascal también sirven para contar la cantidad de subconjuntos que se pueden formar con cierto grupo de elementos de un conjunto dado.

El triángulo de Pascal, entonces, habría que escribirlo así:

$$1$$
$$C(1, 0) \quad C(1, 1)$$
$$C(2, 0) \quad C(2, 1) \quad C(2, 2)$$
$$C(3, 0) \quad C(3, 1) \quad C(3, 2) \quad C(3, 3)$$
$$C(4, 0) \quad C(4, 1) \quad C(4, 2) \quad C(4, 3) \quad C(4, 4)$$
$$C(5, 0) \quad C(5, 1) \quad C(5, 2) \quad C(5, 3) \quad C(5, 4) \quad C(5, 5)$$

Esto explica varias cosas. Por ejemplo, la razón por la que hay 1 en las dos diagonales exteriores. Así, en la diagonal que va hacia la izquierda, los números que aparecen son:

$$C(n, 0)$$

pero son todos números 1. Y está bien que sea así, ya que $C(n, 0)$ quiere decir cuántas maneras hay de no elegir nada, o bien, de elegir *0 elementos* de un conjunto que contenga *n*? ¡Una sola! Porque, ¿cuántas formas tengo de no elegir ningún delantero para el partido del domingo? Una sola, la que corresponde a no elegir. ¿Cuántas formas hay de no elegir ninguna camisa de las seis que tengo? ¡Una sola!

¿Y la diagonal exterior que viene hacia la derecha? Ésa corresponde a los números combinatorios:

$$C(n, n)$$

Entonces, ¿cuántas formas hay de elegir los cinco delanteros entre los cinco que tengo? Respuesta: ¡una forma! ¿De cuántas formas puedo elegir las seis camisas de las seis que tengo? De una forma, que es llevándolas todas. ¿De cuántas formas puedo ir a los cinco espectáculos para los que tengo entradas? ¡De una sola forma, que es eligiendo todas las entradas!

De ahí que la diagonal exterior que va hacia la derecha también esté formada por 1.

MORALEJA: Como se alcanza a ver, el triángulo de Pascal, que tiene una apariencia ingenua, en realidad *no lo es*.

¿Se anima, con estos datos, a deducir por qué el triángulo es simétrico? Lea lo que está más arriba, y fíjese si se le ocurre algo que tenga que ver con los números combinatorios.

¿Qué quiere decir que el triángulo sea simétrico? ¿Qué números combinatorios tendrían que ser iguales? Por ejemplo, tome la fila que lleva el número 8. Es la que tiene estos números:

$$1, 8, 28, 56, 70, 56, 28, 8, 1$$

O, lo que es lo mismo, en términos de números combinatorios:

$$C(8, 0) \ C(8, 1) \ C(8, 2) \ C(8, 3) \ C(8, 4) \ C(8, 5) \ C(8, 6) \ C(8, 7) \ C(8, 8)$$

¿Qué quiere decir que aparezca, por ejemplo, dos veces el número 28? Esto significa que $C(8, 2)$ tiene que ser igual a $C(8, 6)$.

De la misma manera, dice que el número

$$C(8, 3) = C(8, 5)$$

O que el número

$$C(8, 1) = C(8, 7)$$

¿Por qué será? Pensemos juntos. Tomemos el ejemplo:

$$C(8, 3) = C(8, 5)$$

¿Quién es C(8, 3)? Es la forma de elegir subconjuntos de tres elementos tomados entre ocho.

Acá voy a detenerme y hacerle una pregunta: cuando elige los dos delanteros para formar su equipo, ¿no quedan también separados los otros tres que *no* eligió? Cuando elige los dos espectáculos que va a ver, ¿no está eligiendo también los tres que no va a ver? Es decir, cuando uno elige un subconjunto, está eligiendo otro subrepticiamente, que es el que queda formado con lo que *no* elige. Y ésa es la clave. Eso hace que el triángulo sea simétrico.

Lo que hemos verificado es que

$$C(n, k) = C(n, n-k)$$

Antes de terminar el segmento dedicado al triángulo de Pascal, no deje de divertirse con estas cuentas, y sobre todo, de buscar usted mismo otras relaciones entre los números que aparecen en las filas y las diagonales.

APÉNDICE

En el triángulo de Pascal se encuentran *escondidos los resultados* a muchos problemas. Aquí van sólo dos ejemplos.

1. ¿Cómo hacer para descubrir *todas* las potencias de 2? Es decir, ¿qué hacer para obtener

(1, 2, 4, 8, 16, 32, 64, 128, 256, 512, 1024...)?

Es que

$$2^0 = 1$$
$$2^1 = 2$$
$$2^2 = 4$$
$$2^3 = 8$$
$$2^4 = 16$$
$$2^5 = 32$$
$$2^6 = 64$$
$$2^7 = 128$$
$$2^8 = 256$$
$$2^9 = 512$$
$$2^{10} = 1024$$

2. Este ejemplo está inspirado en uno que leí en un libro de Rob Eastaway y Jeremy Wyndham.

Supongamos que uno está caminando en una ciudad, cuyo dibujo es un rectángulo. Se sabe además que las calles son las líneas horizontales y las avenidas, todas las verticales. Las avenidas están ordenadas: primera, segunda, tercera, cuarta y quinta avenida (e identificadas con los números 1, 2, 3, 4 y 5). Las calles están numeradas también.

A los efectos del ejemplo, supongamos que la primera es la número 27, la segunda es la 28, la tercera es la 29, luego la 30, la 31 y la 32.

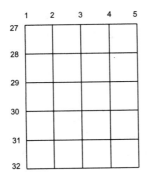

Supongamos que uno va a comenzar a recorrer la ciudad usando las distintas alternativas de caminos posibles, pero se cumplen dos condiciones:

a) siempre empieza en la intersección de la 1 y la 27, y
b) siempre camina o bien hacia la derecha o bien hacia abajo para ir de un lugar a otro.

Por ejemplo, ¿de cuántas formas puede caminar hasta la 2 y la 28? Claramente, la respuesta es: de dos formas.

1. Caminando en forma *vertical* por la avenida 1 desde la calle 27 hasta la 28, y luego a la derecha en forma *horizontal* hasta llegar a la avenida 2.

2. Caminar por la calle 27 en forma *horizontal* hasta llegar a la avenida 2. Allí, bajar en forma *vertical* por esa avenida, hasta llegar a la calle 28.

Otro ejemplo: ¿de cuántas formas puede caminar desde la 1 y la 27, hasta la 2 y la 29? (NOTA: no se cuentan las cuadras, sino cada vez que uno tiene que o bien bajar o bien doblar a la derecha.)

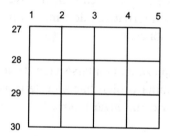

Por el dibujo, uno ve que sólo hay tres caminos posibles:

a) Caminar por la avenida 1 desde la 27 hasta la 29 y luego *doblar a la derecha* hasta llegar a la 2.

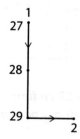

b) Caminar por la avenida 1 en forma *vertical* hasta la calle 28, luego doblar a la derecha y caminar en forma *horizontal* hasta llegar a la avenida 2, y luego *bajar* en forma *vertical* hasta llegar a la calle 29.

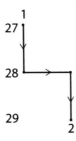

c) Caminar por la 27 desde la avenida 1 hasta la 2, y luego bajar en forma *vertical* caminando por la avenida 2 hasta llegar a la calle 29.

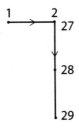

Dicho esto, planteo el problema: encuentre cuántos caminos posibles hay para ir desde la 1 y la 27 hasta cualquier otro punto de la ciudad (siempre observando las reglas de caminar sólo hacia la derecha o hacia abajo).

SOLUCIONES:

1. Si uno suma las filas del triángulo de Pascal, descubre que

Números en la fila	Suma
{1}	$1 = 2^0$
{1, 1}	$2 = 2^1$
{1, 2, 1}	$4 = 2^2$
{1, 3, 3, 1}	$8 = 2^3$
{1, 4, 6, 4, 1}	$16 = 2^4$
{1, 5, 10, 10, 5, 1}	$32 = 2^5$
{1, 6, 15, 20, 15, 6, 1}	$64 = 2^6$

La *suma* de los números que aparecen en cada una de las filas reproduce la potencia de 2 correspondiente al número de fila.

2. Solución al problema de los caminos en la ciudad cuadriculada. Lo notable es que si uno gira 45 grados esta figura –en el sentido de las agujas del reloj– e imagina que tiene dibujada una parte del triángulo de Pascal, y ubica en cada intersección el número que corresponde al triángulo, obtiene exactamente el número de caminos posibles con las reglas establecidas.

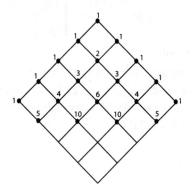

Epílogo.
Las reglas del juego

Uno de los más grandes errores que perpetramos en
nuestras clases es que el maestro pareciera que siempre
tiene la respuesta al problema que estuvimos
discutiendo. Esto genera la idea en los estudiantes de que
debe haber un libro, en alguna parte, con todas las
respuestas correctas a todos los problemas interesantes,
y que el maestro se las sabe todas Y que, además, si uno
pudiera conseguir ese libro tendría todo resuelto. Eso no
tiene nada que ver con la naturaleza de la matemática.

LEON HENKIN

Luego de muchos años de ser docente, de estar en la Facultad, de conversar con alumnos y profesores... o sea, luego de muchos años de dudar y convencerme de que cada día tengo *menos* cosas seguras, me parece que nada de lo que pueda proponer para pensar tiene el carácter de final, de cosa juzgada.

Por eso, se me ocurrió poner una cantidad de pautas a ser consideradas como bases en una clase (de matemática en principio, pero son fácilmente adaptables a otras situaciones similares) en el momento de comenzar un curso. Y como yo las he adoptado hace ya tiempo, quiero compartirlas.

Éstas son las reglas del juego:

- Es nuestra responsabilidad (de los docentes) transmitir ideas en forma clara y gradual. Lo que necesitamos de ustedes es que estudien y *piensen*.

- Ustedes nos importan. Estamos acá específicamente para ayudarlos a aprender.

- *Pregunten.* No todos tenemos los mismos tiempos para entender. Ni siquiera somos iguales a nosotros mismos todos los días.

- La tarea del docente consiste –prioritariamente– en generar preguntas. Es insatisfactorio su desempeño si sólo colabora mostrando respuestas.

- No nos interesan las competencias estériles: nadie es mejor persona porque entienda algo, ni porque haya entendido más rápido. Valoramos el esfuerzo que cada uno pone para comprender.

- (Ésta vale sólo para el ámbito universitario.) En esta materia no hay trabas burocráticas. En principio, toda pregunta que empiece con:

  "Como todavía no rendí Matemática 2 en el CBC….", o
  "Como todavía no aprobé Historia de la Ciencia…", o
  "Como todavía no hice el secundario…", o
  "Como todavía no me inscribí…", etcétera,

  y que concluya con: "¿Puedo cursar esta materia…?", tiene por respuesta un: *"¡Sí!"*.

- Pongamos entusiasmo.

- La teoría está al servicio de la práctica. Este curso consiste en que uno aprenda a pensar cómo plantear y resolver cierto tipo de problemas.

- No se sometan a la autoridad académica (supuesta) del docente. Si no entienden, pregunten, porfíen, discutan... hasta entender (o hasta hacernos notar que los que no entendemos somos nosotros).

¿CÓMO ESTUDIAR?

a) La primera recomendación es: tomen la práctica y traten de resolver los ejercicios. Si se dan por vencidos con uno o simplemente no saben una definición, lean la teoría y vuelvan a intentar tratando de razonar por analogía. Eviten estudiar primero y enfrentarse después con la práctica.

b) Traten de entender qué significa cada enunciado propuesto, ya sea de un ejercicio o un resultado teórico.

c) Traten de fabricar ejemplos ustedes mismos... ¡Muchos ejemplos! Es una buena manera de verificar que se ha comprendido un tema.

d) Dediquen una buena dosis de tiempo a *pensar*... Ayuda... y es muy saludable.